U0050644

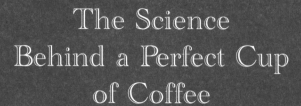

The Science
Behind a Perfect Cup
of Coffee

咖啡研究室

從烘豆技巧、器具選擇到沖煮祕訣
咖啡職人的實戰技術全公開

齊鳴——著

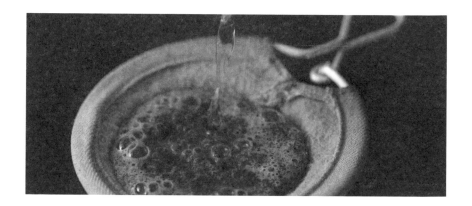

Chapter 6
經典&創意咖啡飲品

Chapter *1*
咖啡的人文情史

咖啡不以繁複的學問取勝，卻能以最親民的方式融入我們的生活。它見證了過去數千年的人類歷史，參與數百年間人類歷史的深刻變革，在宗教、經濟、政治、科技、軍事、商業、藝文等領域都留下了印記。

　　很多人問我從事咖啡產業，甚或進行咖啡創業的第一步是什麼？我的回答是，從咖啡的歷史學起。只有知悉咖啡的過往，才能體會其中蘊含的氣質與精神，不至於閉門造車，謬以千里。當我們追溯過往，便能從歷史中找尋咖啡的醇香，所以關於咖啡的一切，還是得從咖啡「前傳」說起。

咖啡的起源

「如果生命還有最後一小時，我願意用來換取一杯咖啡。」

—— 諾貝爾文學獎得主、葡萄牙作家 薩拉馬戈

咖啡精神的第一顆種子：把世界當故鄉

西元前 330 年，亞歷山大憑藉「馬其頓方陣」和「把世界當故鄉」的豪情，第一次實現了東西方世界大融合。那時咖啡還未出世，卻已埋下第一顆屬於咖啡精神的種子。兩百年後，凱撒和繼承者屋大維將羅馬從共和國時代帶進了帝國時代。

歷經鐵血和鮮花，文治與征伐，2 世紀末的龐大帝國疆域將地中海都攬入懷裡，也因而有「條條大路通羅馬」的說法。遠比咖啡歷史悠久的葡萄酒文明，當年便是隨著羅馬鐵騎而傳播到歐洲大陸各處。當人們津津樂道於種葡萄、釀美酒時，想必沒料到千年後，是「異教徒」的咖啡使他們從酒精沉醉中解脫，賦予他們清醒的頭腦、敏銳思維和無窮力量，以及大革命的熊熊烈焰。

咖啡氣質之源：平等博愛

1 世紀，人類最偉大的事件無疑是迦南地耶路撒冷地區誕生了基督教。在經歷二百多年的洗禮後，終於迎來羅馬皇帝君士坦丁頒佈的《米蘭敕令》，承認基督教的合法自由，隨後又授予教會一系列特權。君士坦丁臨死前還脫去黃袍，穿上白色長衣接受洗禮。從此以後，原本底層庶民色彩濃厚的基督教成了羅馬乃至歐洲的主導宗教。

曾有極少數歐洲人提出咖啡的「基督教起源說」（衣索比亞首都阿迪斯阿貝巴，西北 500 km 的塔那湖區有座古老的基督教堂，被當地人認為是咖啡起源地），雖然此說法受到歷史學家駁斥，但顯然基督教追求平等博愛的理念不僅成為歐洲的主要思想，也融入到咖啡文化之中。

330 年，從羅馬遷至君士坦丁堡的羅馬帝國日漸衰落，皇帝狄奧多西臨終

前也許是出於父愛而將帝國分成東西兩半，交給兩個兒子繼承。還都羅馬的西羅馬帝國不久後滅於日耳曼人之手，定都於君士坦丁堡的拜占庭帝國（又稱東馬羅帝國）則又延續了千年。雖然核心利益在東方的拜占庭已很難算是正宗歐洲國家，從羅馬共和國至西羅馬帝國滅亡的千年是歐洲古代史，而拜占庭繼續存在的下個千年卻是「黑暗的中世紀」，但拜占庭帝國仍以「血統純正的基督教繼承者」自居。

800 年，拜占庭皇帝被教皇剝去教籍，查理曼帝國建立。查理被羅馬教皇親自加冕為羅馬皇帝，成為歐洲唯一信奉羅馬基督教的君主。我認為歐洲教權與皇權間無休止爭鬥的最大好處，是避免中世紀歐洲出現政教合一的局面，再強大的皇權、再強悍的騎士也沒有勇氣與教會決裂，這也給象徵自由和民主的咖啡之崛起奠定了基礎。

☕ 咖啡的故鄉——衣索比亞

讓我們暫時將目光移到古老的非洲，尤其是非洲東北部的咖啡故鄉——衣索比亞。當時有個名為阿克森姆的奴隸制大國盤踞於此，是非洲文化的中心，333 年阿克森姆國王皈依基督教，也因此基督教在衣索比亞曾興盛長達一個多世紀，壯麗的教堂和修道院比比皆

是。可惜我們卻並未從那時的「咖啡故鄉」找到咖啡的影子。

6 世紀，阿拉伯半島正處激烈動盪時期，並淪為四周強鄰競相爭奪的目標，統一成為大勢所趨。570 年出生於沙烏地阿拉伯麥加的穆罕默德，40 歲時開始順勢而為，傳播復興伊斯蘭教。至其於 632 年逝世時，一個以伊斯蘭教為共同信仰、政教合一的阿拉伯國家已然雄踞阿拉伯半島。之後阿拉伯在「聖戰」旗幟下不斷對外擴張，迅速形成一個地跨亞、非、歐三大洲的龐大阿拉伯帝國。此時，世界的東方正好也由分裂走向統一——強大的隋唐帝國建立，茶文化日漸興盛。

6 ～ 7 世紀，非洲東北部的衣索比亞高原地區，在阿拉伯帝國勢力的籠罩下，過去幾個世紀的基督教印記被洗褪得徹底，咖啡便於此時開始與伊斯蘭聯姻。就在此時，最知名的咖啡起源說法「牧羊人傳說」閃亮登場。

☕ 牧羊人的傳說

「牧羊人傳說」發生在距今約 1500年前的衣索比亞高原。咖法地區一個名為卡爾迪的牧羊人，發現羊群中總是有些焦躁不安且興奮異常的「搗亂分子」，甚至會抬起前腿與人一起跳舞。卡爾迪觀察後很快發現，那些過於興奮的羊是

食用了一種綠色灌木的紅色漿果（根據我的經驗，比起新鮮紅果，羊更喜歡吃略微風乾的果實）。當他以神農嚐百草的大無畏精神嚐了些紅色果實後，發現自己果然變得極度亢奮。於是，這種能讓人興奮提神的紅色果實越來越廣為人知，並在諸多部落間風靡起來，而這果實就是野生的咖啡果。

雖然十八世紀初的學術專著《咖啡樹的歷史》，對上述故事的真實性提出了質疑，但人們還是願意相信曾有那麼一群因咖啡而興奮跳舞的羊。這樣的故事，至今仍為許多衣索比亞當地居民所津津樂道，即便是在其他國家也有相當高的知名度。很多城市都存在名為「牧羊人」、「跳舞的羊」、「卡爾迪」、「咖法」等關鍵字的咖啡店，以相關場景為主題的油畫或版畫也比比皆是。

咖啡的初始身分

「我已經熟悉了她們，熟悉了她們所有的人，熟悉了那些黃昏，和上下午的情景，我用咖啡匙量取了我的生命。」

—— T.S. 艾略特

☕ 最初的咖啡是藥品

我們有理由相信，在 6 ～ 9 世紀這數百年間，咖啡不僅已出現在非洲東北部的衣索比亞、肯亞、索馬利亞之部落中，還隨著阿拉伯帝國的擴張而引入廣大的阿拉伯半島。不過那時的咖啡主要是被當作藥品、特殊食品或乾脆用來釀酒。當時人們認為咖啡的藥效主要是助消化、強心、利尿、治療月經不調等。作為特殊食品的咖啡，因能提神醒腦、集中精力，不僅對於長途旅行者意義重大，對戰場上的士兵更是意義非凡。至於由成熟咖啡果釀成的咖啡酒，想必也是提神醒腦的佳釀。咖啡釀酒的文化今天在巴西、哥倫比亞等全球咖啡產地皆有所傳承與發揚。

還有不少人認為，曾在葉門等地與衣索比亞人作戰的波斯人比阿拉伯人更早接觸到咖啡，也比阿拉伯人早將咖啡帶到波斯帝國，但實際情況已不可考。

讓我們繼續回到歷史，與阿拉伯帝國相鄰的第二波斯帝國雖然征服了整個埃及地區和高加索山脈，但也在和拜占庭帝國無休止的戰爭中，被消耗得精疲力竭。此時坐山觀虎鬥的阿拉伯穆斯林

費熱潮,渴望跟上歐洲主流社會步調的德國民眾,只能將玉米與各種穀物混合烘焙,作為咖啡替代品飲用,留下一段心酸的咖啡故事。

直到十九世紀中葉以後,德國超越法國成為歐洲大陸第一強國,自身經濟實力的強大導致自由經濟理論受到重視,再加上消費者和商人各方施加的壓力,才將咖啡禁令取消。咖啡在與啤酒的競爭中完勝,德國的咖啡消費量暴漲,最終成為歐洲咖啡消費之冠。我曾經見過一幅插畫,畫中描繪的是 1880 年代德國女性主題咖啡館裡,女人在咖啡館裡高談闊論、熱鬧非凡的場景。眾多女人擠在咖啡館裡,再借助咖啡因的興奮作用,彼時的熱絡場面可想而知。

法國人的咖啡故事

「如果你沒有帶夠 50 法郎,千萬別推開巴黎咖啡館的大門!」

——法國浪漫主義作家繆塞

早在 1644 年,咖啡就已傳入法國。幾乎與此同時,馬賽迅速成為僅次於威尼斯的歐洲第二大咖啡輸入及轉運港口,這是因為法國人最初之所以鍾情於咖啡,是將其視為賺錢的手段而非生活必需品。法國人愛上咖啡則是十七世紀後期的事情了。

食用了一種綠色灌木的紅色漿果（根據我的經驗，比起新鮮紅果，羊更喜歡吃略微風乾的果實）。當他以神農嚐百草的大無畏精神嚐了些紅色果實後，發現自己果然變得極度亢奮。於是，這種能讓人興奮提神的紅色果實越來越廣為人知，並在諸多部落間風靡起來，而這果實就是野生的咖啡果。

雖然十八世紀初的學術專著《咖啡樹的歷史》，對上述故事的真實性提出了質疑，但人們還是願意相信曾有那麼一群因咖啡而興奮跳舞的羊。這樣的故事，至今仍為許多衣索比亞當地居民所津津樂道，即便是在其他國家也有相當高的知名度。很多城市都存在名為「牧羊人」、「跳舞的羊」、「卡爾迪」、「咖法」等關鍵字的咖啡店，以相關場景為主題的油畫或版畫也比比皆是。

咖啡的初始身分

「我已經熟悉了她們，熟悉了她們所有的人，熟悉了那些黃昏，和上下午的情景，我用咖啡匙量取了我的生命。」

—— T.S. 艾略特

☕ 最初的咖啡是藥品

我們有理由相信，在 6～9 世紀這數百年間，咖啡不僅已出現在非洲東北部的衣索比亞、肯亞、索馬利亞之部落中，還隨著阿拉伯帝國的擴張而引入廣大的阿拉伯半島。不過那時的咖啡主要是被當作藥品、特殊食品或乾脆用來釀酒。當時人們認為咖啡的藥效主要是助消化、強心、利尿、治療月經不調等。作為特殊食品的咖啡，因能提神醒腦、集中精力，不僅對於長途旅行者意義重大，對戰場上的士兵更是意義非凡。至於由成熟咖啡果釀成的咖啡酒，想必也是提神醒腦的佳釀。咖啡釀酒的文化今天在巴西、哥倫比亞等全球咖啡產地皆有所傳承與發揚。

還有不少人認為，曾在葉門等地與衣索比亞人作戰的波斯人比阿拉伯人更早接觸到咖啡，也比阿拉伯人早將咖啡帶到波斯帝國，但實際情況已不可考。

讓我們繼續回到歷史，與阿拉伯帝國相鄰的第二波斯帝國雖然征服了整個埃及地區和高加索山脈，但也在和拜占庭帝國無休止的戰爭中，被消耗得精疲力竭。此時坐山觀虎鬥的阿拉伯穆斯林

軍團閃電般出擊，便在短短十年內，征服了波斯帝國並完全佔有波斯帝國的領土，新的征服地孕育了新的伊斯蘭王國——伊朗。

咖啡的首次文獻記載

進入 10 世紀，咖啡在低調傳播了數百年後，終於迎來了自己的信使時代。10 世紀的阿拉伯地區著名醫生拉傑斯（Rhazes），被認為是歷史上第一位將咖啡記載在文獻上的人。他不僅提及咖啡的藥理效用、食用方法，還指出阿拉比卡咖啡起源於衣索比亞。此外，拉傑斯還補充，咖啡的種子也生長於剛果、安哥拉、喀麥隆、利比亞以及象牙海岸等地。與此同時，咖啡的食用方法漸漸出現了變化，人們開始將果實適當烘烤，再加以熬煮成黃色的液體。咖啡就這樣逐漸由食物變成了飲品。

進入十三世紀，人們開始嘗試將咖啡果實放在陽光下曝曬，透過降低含水量延長保存。這些方法直到今天仍被廣泛使用。

當時人們飲用咖啡的方法大致如下：適當曝曬咖啡果實以便保存，曬乾的果實放入密封鐵器中，將鐵器拿到火上烘烤，取出烘烤好的果實並研磨（尚未特別注意咖啡果肉裡的咖啡豆），再依飲用人數將粉末分成若干等分，倒入個人的杯子中，視情況添加一些糖，再注入滾水，即可趁熱飲用自己杯中的咖啡。我曾試著以此方法飲用咖啡，那是一種絕對談不上「品鑑」的體驗，令人不禁感嘆文明的進步之迅速。

伊斯蘭教與咖啡

「啊！咖啡！咖啡能消除偉人的煩惱，咖啡能將迷途者導回正途。咖啡是真主子民之飲，咖啡是渴望智慧者的甘露，……當別人向你呈上精美咖啡時，憂愁瞬間消失殆盡，咖啡能融入你的情緒，使你保持活力，如果你還有何懷疑，請看那些喝著咖啡的美人兒。咖啡是真主所賜，咖啡是健康之飲，無論是誰，只要見識過精緻的咖啡杯，就再也看不上酒杯。咖啡是承載無上榮耀的佳釀，顏色象徵著純潔，理性證明著真實，喝咖啡吧，充滿自信！」

—— 傳說中穆罕默德兒子所寫的咖啡讚美詩

☕ 咖啡是伊斯蘭教的寵兒

正是由於伊斯蘭教聖經《可蘭經》中嚴禁教徒喝酒，才使得阿拉伯人被迫尋找酒的替代品，轉而大量消費咖啡。宗教是促使咖啡在阿拉伯世界廣泛流行，並演變為世界性潮流的重要因素。

那麼為什麼咖啡會是那個脫穎而出的幸運兒呢？如果我們對比佛教在中國的興盛史便不難看出些端倪。作為與咖啡齊名的提神飲品，茗茶伴隨著佛教的興起傳播開來，佛教徒是其最初的「頭號粉絲」，也是最忠誠的口碑傳播者，因為喝茶能使人在宗教活動中保持頭腦清醒，提高效率並不至於褻瀆神明。我曾在遊覽少林寺時買到一本「非法出版物」，其中有個野史故事：據說當年達摩祖師面壁九年悟道後開創禪宗，為了改變僧侶們萎靡不振的精神狀態，不僅發明強筋健體的少林武術，讓大家每日練習，更鼓勵僧侶們種茶、製茶、喝茶。這與今日「禪茶一道」的說法多少也有些關聯。

而咖啡之所以能夠在伊斯蘭世界大行其道，其興奮提神功效同樣要記首功一件——只有喝咖啡才能使信徒在進行冗長的宗教儀式時，保持最佳狀態，並有神奇力量湧入體內的感覺。伊斯蘭教經典中描述了許多先知穆罕默德的神跡，有些甚至是在他喝過咖啡後發生的。

十五世紀中葉以前，咖啡主要是伊斯蘭僧侶和醫生的特殊飲品。前者在虔誠信仰中接觸咖啡，將其當作宗教儀式中的興奮劑；後者將其用來治療消化不良等各種疾病。

十多年前我曾看過一則新聞，指出上海有個密醫以濃厚的黑咖啡作為治療婦科疾病的靈丹妙藥，並借此騙取錢

有一個野史説法：1405 ～ 1433 年，鄭和艦隊下西洋期間，曾數次到達飲用咖啡的阿拉伯世界，伊斯蘭教徒發現中國人飲茶如喝水，同樣是具備提神效果的飲品，茶對中國人而言卻毫無神祕感，這也促使咖啡更快走下神壇，進入世俗生活。

數十年後，兩位敘利亞人在麥加開設了阿拉伯地區最早的咖啡館——卡奈咖啡屋（QahvehKhaneh）。在這家咖啡館裡，或抽水煙或下棋閒聊的男人三三兩兩，有人喝咖啡，還有人喝茶；充滿果香的煙霧從銅質煙壺中嫋嫋升起，與水煙壺中的咕嚕聲及咖啡的啜飲聲相映成趣；牆上裝飾性的宗教繪畫隨處可見；講述各種宗教故事的長者們被大家簇擁……各種場景無不體現了濃厚的伊斯蘭文化風情。

但是咖啡在伊斯蘭世界的傳播並非一帆風順，尤其是三教九流的人們喜歡聚集在咖啡館裡，不僅減少了去清真寺做禮拜的次數，也因為咖啡會讓人越喝越興奮，使咖啡館成為議論朝政、宣洩不滿、煽動民眾的場所，並引起當政者高度警覺。只是不管執政者如何下令禁止咖啡，都難以阻止人們對咖啡產生眷戀，直到十六世紀末期，喝咖啡已成為整個阿拉伯地區最基本的生活習慣，再也不可能改變了。

財。當時看見這則消息嗤之以鼻，後來自己從事咖啡事業，翻閱資料才發現，咖啡早在 17 世紀確實是治療婦女停經、痛經、月經不調等疾病的良藥，不由得感嘆自己的見識淺薄。

☕ 走下神壇的咖啡

作為神聖的特殊飲品，咖啡的來歷和工藝出於宗教考量而被長期保密，其底細不為世俗所知。直到 1454 年，一位著名的伊斯蘭宗教人士出於感恩，將咖啡這種帶有宗教神祕色彩的飲品公諸於世，咖啡逐漸轉為伊斯蘭教地區大街小巷隨處可見的大眾流行飲品。另外還

奧斯曼土耳其與咖啡

「終於來了，那小小的瓷器裡，盛著摩卡的漿果，帶著阿拉伯的風情。小杯鑲嵌金絲細邊，免得燙傷手指；咖啡伴著丁香、肉桂與番紅花，寵壞了土耳其人。」

—— 英國詩人拜倫

被咖啡俘虜的土耳其人

十三世紀初興起的蒙古帝國不僅摧毀了輝煌的阿拉伯帝國，也迫使原本居於中西亞的奧斯曼土耳其人遷徙至拜占庭帝國。這個常年與蒙古人對抗的部族軍事上強大無比，文化和宗教信仰上卻極度落後——當它開始炫耀武力、進而征服四方時，思想、精神上卻已先被伊斯蘭教征服馴化，建立了一個以伊斯蘭教為國教的奧斯曼帝國。翻開世界地圖不難發現土耳其地理位置之特殊，它位居亞歐之間的陸路通道，也因此擁有土耳其的歐洲意味著大門緊閉，萬無一失；失去土耳其的歐洲則門戶洞開，危機四伏。咖啡在被伊斯蘭文明層層裹挾並不斷進化之下，擁有難以想像的文化優勢，一如今天的星巴克坐擁美國文化所具備的優越感那般。咖啡自此踏上新的征程，進而成為全世界的寵兒，起點就在腳下。

1453 年，奧斯曼帝國大軍攻佔君士坦丁堡，消滅了拜占庭帝國，並將君士坦丁堡改名為伊斯坦堡，意為「伊斯蘭教的城市」。新興的奧斯曼帝國一隻腳踏在亞洲，另一隻腳踏在歐洲，掌握著歐亞間主要的海陸貿易路線，此時的歐洲已經門戶洞開了。拜占庭帝國的滅亡意味著歐洲結束了漫長黑暗的中世紀，接踵而至的文藝復興讓歐洲大陸涅槃重生，迅速走向文明開化。

逐漸黯淡的神學思想被人文主義精神所替代，提高了人們接納和親近咖啡的可能性。人文主義的宗旨是探討人性以及人和人之間的關係，追求享受和幸福的人生，而咖啡與咖啡館那種濃郁的人文主義氣質便植根於此。如果只能用

一個詞來形容咖啡館的精神，我的答案便是「人文主義」。我甚至有位學生，在他的咖啡館店裡擺滿了弗朗切斯科·佩脫拉克、達文西、但丁、拉斐爾、莎士比亞、伊拉斯莫斯等人的作品，無一不與文藝復興有關，非常有意思。

拜占庭帝國滅亡的另一個意義是，歐洲人想接觸外面的世界必須繞開家門口的「異教徒」土耳其，因而被迫去尋找新的途徑，也因此地理大發現與文藝復興時代幾乎是同時登場。後來咖啡被歐洲人帶到全世界各地也與此有關。

1480 年，一群天主教聖方濟會的修士代表羅馬教廷，從羅馬出發去衣索比亞，首次見識到了咖啡，並將其寫進遊記裡。後來人們更以這些修士所戴的

中央高高聳起的帽子，命名一款象徵奶泡高高隆起的咖啡飲品——卡布奇諾。

數十年後的 1505 年，奧斯曼土耳其大軍南下佔領阿拉伯地區，品嚐並愛上了咖啡飲品。不到幾十年的時間，喝咖啡的習慣便已傳遍了整個奧斯曼帝國。此時蓬勃發展的伊斯蘭教裏挾著咖啡文化，即將吹響進軍歐洲的號角，也緩緩揭開了咖啡國際化散播的序幕。

☕ 咖啡通向歐洲的起點

1554 年，奧斯曼土耳其帝國首都伊斯坦堡出現了第一家咖啡館——卡內斯咖啡屋。卡內斯咖啡屋不僅提供咖啡，還採用豪華的裝潢來吸引顧客。果

然此舉引起了咖啡的消費熱潮，不少跟風者競相開店。因為不少高文化知識份子都會光顧咖啡館，並於此高談闊論，咖啡館也被稱作「智慧學院」，現代意義上的咖啡館就此出現，伊斯坦堡更被稱作是「咖啡通向歐洲的起點」。

其實進入十六世紀時，土耳其人就不斷對繼承自阿拉伯的咖啡進行大刀闊斧的改革。比如說阿拉伯人並不格外看重咖啡種子——咖啡豆，還常常取用咖啡果肉而捨棄內裡的咖啡豆。土耳其人則不然，他們顯然將焦點集中在咖啡豆上，曬乾、烘烤、研磨、熬煮、飲用……並樂在其中。十六～十七世紀這二百年間，現代意義上的咖啡文化與第一批咖啡館皆誕生於土耳其，第一個咖啡的沖泡技術流派——土耳其式咖啡（我習慣稱作古典式咖啡流派）也就此誕生。雖然此一流派早在歷史塵封中逐漸淡漠，但其豐厚的文化內涵依然為人稱道。同一時間，土耳其對於將咖啡文化傳播至歐洲立下了很大的功勞。舉個例子，很多人好奇「咖啡」一詞的確切來源，其實土耳其語中對於咖啡的發音 kahwe 正是後來歐洲人稱呼咖啡的演變之源——威尼斯商人將其改稱為義大利語 caffe；法國人改稱為 cafe；德國人改稱 kaffee；捷克人改稱 Kava；希臘人改稱為 Kafes；英國人則稱之為 coffee。

1659 年，土耳其派遣龐大代表團出訪日爾曼民族神聖羅馬帝國（第一帝國），帶去的禮物中就包含咖啡和咖啡師。我們常說土耳其是咖啡不折不扣的「頭號貴人」，這也是理由之一。

1669 年 7 月，法國國王路易十四第一次在凡爾賽宮接見奧斯曼土耳其大使，卻因舉動傲慢而使雙方不歡而散。回到巴黎的土耳其大使心有不甘，開始打造舒適的宅邸，並向法國貴族展開土耳其式外交，咖啡便是其一「撒手鐧」。1669 年 12 月，路易十四第二次在凡爾賽宮接見大使，並要求他表演一次土耳其式咖啡禮儀。此一事件也讓咖啡成為巴黎上層社會的社交項目，效仿者如雲。

咖啡愛好者或從業人員在學習咖啡文化時，不應只注重瞭解具體史料，而應把握咖啡所蘊含的開放、學習、溝通、融合的精神和氣質。因為咖啡是一種不斷接納和包容的國際化產物，大膽、創新便是對咖啡與咖啡館文化最好的發揚。

登陸歐洲的咖啡

「為什麼必須禁止基督徒喝咖啡？如果你們口中所謂的『撒旦飲料』
是如此好喝，那麼讓異教徒獨享豈不可惜？因此，我們要讓咖啡受洗，
使它成為上帝的恩賜，並借此好好愚弄撒旦。」

——克萊門八世教皇

販售咖啡的威尼斯商人

十六世紀以來，歐洲社會非常熱衷旅行日記和旅行見聞錄，咖啡一詞開始不斷出現在歐洲人筆下。1582 年，一位德國醫生羅沃夫對咖啡做了詳細描述；十年後，一位義大利醫生兼植物學家繪製了第一幅關於咖啡植物及果實形態的

木版畫。現在世界各地的某些老舊咖啡館裡，還能看到那幅木版畫的複製品。咖啡全面登陸歐洲，在彼時已呈「山雨欲來風滿樓」之勢。

1600 年，在精明的威尼斯商人策劃下，第一批商業性質進口的咖啡以「阿拉伯酒」的名義從葉門摩卡出發運抵威尼斯，並由一群穿梭在大街小巷

的飲料商人四處兜售。十幾年後，那些嚐到甜頭的威尼斯商人意識到咖啡貿易大有可為，於是向阿拉伯人取得了咖啡專賣權，開始從葉門摩卡向威尼斯大量運輸咖啡豆。此舉卻讓販售酒水、檸檬水和巧克力的威尼斯本地商人倍感威脅。他們召集公眾，將咖啡形容為「來自異教的魔鬼飲料」，並要求教皇克萊門八世頒布咖啡禁令。沒想到開明的教皇克萊門八世卻給這個「撒旦飲品」舉行陽光下的公正審判，最終為咖啡神聖正名，甚至為咖啡受洗，將其視作上帝的恩賜，並借機愚弄撒旦。我們在進行咖啡教學時會特別強調這個故事背後的開明、融通精神。客觀地說，這種思維是過去崇尚茶文化的東方人所缺乏的。如果咖啡愛好者不去領悟學習這樣的精神，一味琢磨技術細節，則永遠無法進入更高的咖啡境界。

幾乎與威尼斯商人取得咖啡專賣權同一時間，「海上馬車夫」荷蘭人也正企圖進口咖啡。1616 年，經過精心安排和周密部署，荷蘭人從葉門港口亞丹走私了一株咖啡幼苗和少許咖啡種子到阿姆斯特丹，並精心移植在阿姆斯特丹皇家植物園裡的溫室中。這次行動對於之後荷蘭人在殖民地展開咖啡種植事業意義重大。

1624 年以後，威尼斯商人們的咖啡豆商業運輸路徑大致固定，這條「咖啡之路」即是：葉門摩卡港→穿過紅海→抵達埃及蘇伊士（全長約 163 km 的蘇伊士運河直到 1869 年才開通）→轉由駱駝商隊接手→運抵地中海沿岸亞歷山大港→海路分送至阿姆斯特丹、倫敦、馬賽、威尼斯等歐洲港口。

隨著源源不絕的咖啡運抵歐洲，咖啡的人氣度逐漸足以與蒸餾酒、啤酒匹敵。於是後世的歐洲史學家們下了這樣的注解：咖啡終於將歐洲人從酒精的爛醉中解救出來。

☕ 歐洲的第一家咖啡館

1578 年出生在英國的威廉・哈維不僅是發現血液循環和心臟功能的世界級醫學家，也是最早飲用並積極推廣咖啡保健功效的英國人之一。據說他臨死前還要求同事要在定期聚會中邊喝咖啡邊討論學術話題。

1650 年的英國正值光榮革命時期，一位黎巴嫩商人在英國牛津大學建立了歐洲第一家咖啡館。這位仁兄不僅因創建歐洲第一家咖啡館而被載入史冊，不經意選擇的時間和地點也都十分耐人尋味：此前五年，牛津還是查理一世的王軍大本營，象徵封建暴政的中心。此前一年，有暴君惡名的查理一世被送上了斷頭臺，議會宣佈英國為共和國。而三十九年後的 1689 年頒布了《權利法

案》，「光榮革命」成功，英國確立了君主立憲制度，整個世界都為之側目。

其實英國不僅擁有歐洲第一家咖啡館，於 1652 年創建於倫敦的一家咖啡館也堪稱歐洲歷史最悠久的咖啡館之一。但顯然，當時絕大多數的英國人對咖啡是一無所知的，我翻遍 1719 年出版的英國小說《魯濱遜漂流記》，只有甜酒等酒精飲品反覆出現，卻找不到咖啡的蹤影。

直到十七世紀中後期，倫敦的咖啡館已成為人們習以為常的聚會場所，即使 1665 年倫敦鼠疫爆發，使得死亡人數超過十萬，1666 年一場倫敦大火使得城市地標聖保羅大教堂也付之一炬，都未能阻止咖啡館的崛起。對英國人而言，咖啡館是個溝通交流、指點江山、學習進步乃至商貿交易的場所。咖啡桌四周圍著興奮的人群（有人認為圓桌會議也是在英國咖啡館裡誕生的），激昂的語氣掩蓋不了彼此之間形式上的平等、隨和、自由。加上咖啡館的裝潢多半簡潔親民，消費一杯咖啡、坐上一整天不過幾個便士，就算不點飲品消費，單純聊天也只需一個便士（可以看做是入場費或座位費），使咖啡館因此獲得「便士大學」的美稱。

「便士大學」一直是我推崇備至

的咖啡館精神，既要有圈子的概念，還要有頗具親和力的室內設計來營造氛圍，美味但價格低廉的咖啡飲品自然不可少……可惜受制於房租和人力成本，現在的咖啡館要做到這一點卻是難上加難。本應十分親民的咖啡不得不以昂貴姿態示人，咖啡館經營者也有苦難言。

義法的咖啡館之始

1651 年，義大利西部沿海的港口城市利佛諾（Livorno）出現了歐洲第二家、義大利第一家咖啡館。但義大利咖啡館文化之始，卻是源自 1683 年一家風格小巧簡潔，並在威尼斯聖馬可廣場上開張迎客的咖啡館——波特加咖啡館。到了十七世紀末期，聖馬可廣場的幾家咖啡館已經聞名遐邇，「聖馬可」這個名詞今日在咖啡界裡的赫赫名聲也多少與此有關。十八世紀則有很長一段時間，義大利各大城市紛紛效仿威尼斯聖馬可廣場的花神咖啡館（Caffe Florian），並掀起開設高檔奢華路線的咖啡館的熱潮。

與此同時，對咖啡館日漸防備的法國政府開始嚴管巴黎咖啡館，營業時間、顧客來源等都在限制之列。這反而導致巴黎咖啡館的層次大幅提升，原來徹底開放的性質發生了質變，咖啡館開始依據各自不同的地點、裝潢、風格定

位等吸引與招攬不同類型的客人。固定客源的咖啡館逐漸成為主流，咖啡館的「圈子」概念出現了，這也對今天全世界的咖啡館影響甚大。近年開始流行的主題式咖啡館正是最好的證明。

德國的咖啡故事

十七世紀上半葉，圍繞君權與教權的歐洲大戰在德國境內曠日持久地進行著。災難過後，昔日歐洲大陸最強大的國家——日爾曼神聖羅馬帝國被徹底摧毀，剩奧地利和普魯士值得一提。

今天歐洲的第一大咖啡消費國德國，在十八世紀歐洲大陸咖啡消費持續升溫之時，卻絲毫沒有咖啡消費上的「王者」潛力。這是由於咖啡是只能生長在「咖啡種植帶」的熱帶經濟作物，而普魯士不僅本土種植不了咖啡，也缺少能夠生產咖啡的海外殖民地。一旦民眾喝咖啡上癮導致咖啡進口大增，勢必造成貿易赤字陡增，金銀大量外流至英法等競爭對手。因此普魯士國王數次與啤酒商人攜手，一邊推銷啤酒，一邊禁售咖啡，更對進口咖啡課以重稅，後來更索性將咖啡烘焙權收歸國有。此舉暫時抑制了國土範圍內日益蔓延的咖啡消

費熱潮，渴望跟上歐洲主流社會步調的德國民眾，只能將玉米與各種穀物混合烘焙，作為咖啡替代品飲用，留下一段心酸的咖啡故事。

直到十九世紀中葉以後，德國超越法國成為歐洲大陸第一強國，自身經濟實力的強大導致自由經濟理論受到重視，再加上消費者和商人各方施加的壓力，才將咖啡禁令取消。咖啡在與啤酒的競爭中完勝，德國的咖啡消費量暴漲，最終成為歐洲咖啡消費之冠。我曾經見過一幅插畫，畫中描繪的是 1880 年代德國女性主題咖啡館裡，女人在咖啡館裡高談闊論、熱鬧非凡的場景。眾多女人擠在咖啡館裡，再借助咖啡因的興奮作用，彼時的熱絡場面可想而知。

法國人的咖啡故事

「如果你沒有帶夠 50 法郎，千萬別推開巴黎咖啡館的大門！」

——法國浪漫主義作家繆塞

早在 1644 年，咖啡就已傳入法國。幾乎與此同時，馬賽迅速成為僅次於威尼斯的歐洲第二大咖啡輸入及轉運港口，這是因為法國人最初之所以鍾情於咖啡，是將其視為賺錢的手段而非生活必需品。法國人愛上咖啡則是十七世紀後期的事情了。

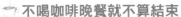

不喝咖啡晚餐就不算結束

1669 年駐法國巴黎的土耳其大使受路易十四邀請，在凡爾賽宮舉行了一場精彩而豪奢的咖啡禮儀。其實在此之前，這位大使早已做足了功課，他在巴黎租下一所豪宅，並憑藉極具異國風情的空間和香醇咖啡，吸引不少法國貴族攜眷光顧，甚至成為巴黎極具知名度的社交場所。此時此刻，咖啡文化的香醇芬

芳、優雅精緻再一次令法國貴族們瞠目結舌，於是一場由上而下的咖啡熱潮便很快地在法

國擴展開來。

十幾年後的 1686 年，一位義大利商人在巴黎開設了一家裝潢奢華的飲品店（前身是土耳其人開設的高級澡堂），販賣酒水、咖啡、檸檬水等各式飲品。隨著店內生意日漸熱絡，咖啡銷量開始登上主導地位，於是更名為「普羅科普咖啡館」。伏爾泰、盧梭、拿破崙等人都曾是這家咖啡館的常客，為其奠定了文藝沙龍的格調，更因為其經營成功而帶動了一大批跟風者，帶有文藝氣息的咖啡館相繼出現。因此，也可以將普羅科普咖啡館視為巴黎咖啡館文化興起的重要標誌。

1699 年雖有荷蘭透過東印度公司將咖啡豆輸出至印尼栽種，但這件事情的意義在當時來看並不突出。1723 年發生的另一件事顯然更為重要，一個叫德克律的法國軍官歷經千辛萬苦，將咖啡樹苗從法國南特帶到開往加勒比海域的馬提尼克島的船上，並於 1726 年開花結果。到了 1777 年，經過五十年的苦心經營，當時全歐洲的咖啡年消費量約六萬五千噸，約有一半皆來自拉丁美洲的法屬殖民地，顯示法國在咖啡世界的王者地位無人能及。而與此同時，法國國內的咖啡消費也達到相當高的水準，一位同時期的英國作家如此描述：「咖啡在法國非常流行，尤其是上流社會，不喝完餐後咖啡晚餐就不算結束。」

☕ 民主之飲

十八世紀中葉以後，巴黎的咖啡館數量急速增加，使得啟蒙文人所建構的新思想得以扎根市民。在一杯杯讓人亢奮清醒的咖啡助興下，革命的熱血逐漸沸騰。人們更是如此形容咖啡館：「上流社會代表的是特權，咖啡館則代表著平等。」事實上，巴黎所有咖啡館在法國大革命前夕都相當活躍，門庭若市是為常態。當我第一次從文獻上讀到「1788 年法國巴黎有超過 1800 家咖啡館」時，吃驚之情難以明說。

1789 年，德穆蘭在佛伊咖啡館前的號召是法國大革命的里程碑；7 月 14 日二十萬巴黎市民攻佔巴士底監獄，法國的君主專制政體被推翻；8 月制憲會議頒佈了人人皆知的《人權宣言》，強調人生而平等。此一偉大理念與巴黎咖啡館近一個世紀來的「民主之飲」——咖啡關係密不可分。曾有機構希望以鉅資與我合作，創立一家會員制的高檔咖啡館，入會門檻定為人民幣 100 萬。該專案最終被我婉拒了，如此違背「平等、民主」精神的咖啡館究竟該怎樣運營，我實在難以想像。

受到法國大革命熊熊烈焰的感召，法國殖民地聖多明哥的獨立運動也蓬勃興起，這直接導致法國失去了咖啡產銷大國的地位。西印度群島所產的咖啡很

快被爪哇咖啡取代，荷蘭遂聯合海上霸主英國，成為全世界最大的咖啡供應者，法國人的咖啡王國逐漸衰落。

十九世紀初，拿破崙在歐洲大陸縱橫無敵，對英國採取的敵對措施卻未能奏效，尤其是其海軍實力不足，反而將自己封鎖起來，歐洲大陸經濟一度陷入困境。困境中的拿破崙曾經提出經濟自給自足、豐衣足食的口號，並主張用菊苣取代咖啡，因為菊苣根部研磨的汁液顏色和口感都近似咖啡。當我在中國喝到一種被稱作「草本咖啡」的豆科植物飲品時，第一時間就聯想到拿破崙的「菊苣咖啡」。

☕ 法國人的咖啡萃取器具

1800 年，一位巴黎大主教發明了原始的咖啡滴濾壺——將研磨好的咖啡粉放置在帶有孔洞的容器中，在該容器中注入熱水進行萃取，使萃取好的咖啡液從孔洞排到下方的咖啡壺裡。幾乎與此同時，英國人開始將研磨好的咖啡粉放在法蘭絨或棉布袋裡，並注入熱水，使萃取出來的咖啡滴漏在底下的盛裝器皿中。與前者不同的是，這種沖泡法咖啡與水的結合程度較高，萃取度自然會大一些，口感也更加濃郁醇厚。

1885 年巴黎國際博覽會是法國人的舞臺，他們推出的波爾多列級酒莊制度不僅對後世影響深遠，拉菲、拉圖、瑪歌、奧比昂等名莊酒也借此一步步走向榮耀的巔峰。虹吸式咖啡壺（又稱塞風壺）的前身也同樣引起轟動，並對後世咖啡發展影響深遠——這個碩大的咖啡沖泡器具，能在短短一小時內做出兩百杯咖啡，簡直不可思議。

☕ 咖啡館的美好年代

如果將十七世紀末期普羅科普咖啡館的大獲成功，視為法國巴黎咖啡館文

值得一去的巴黎老咖啡館

中文名稱	法文名稱	開業時間	現狀
普羅科普咖啡館（左岸）	Le Procope	1686	高級餐廳
花神咖啡館（左岸）	Café de Flore	1870	咖啡館
利普咖啡館（左岸）	Brasserie Lipp	1880	咖啡館
雙偶咖啡館（左岸）	Les Deux Magots	1885	咖啡館
霍桐德咖啡館（左岸）	La Rotonde	1910	咖啡館
和平咖啡館（右岸）	Café de la Paix	1862	咖啡館

化興起的一個標誌，那麼十八世紀的巴黎咖啡館便是各路政治家、文學家、思想者、詩人和藝術家進行「思想風暴」的文藝沙龍，盧梭、伏爾泰、羅伯斯庇爾、馬拉、丹東都是咖啡館裡的常客。到了十九世紀初，巴黎有超過四千家的咖啡館，不僅比一百年前增加超過十倍，還有各領域人士雲集其中，也使得原本略顯單一和沉鬱的咖啡館更增添人文氣息且豐富多彩。

十九世紀中葉，當政的拿破崙三世決定效仿英國倫敦，大興土木並啟動一項龐大的巴黎城市建設計畫，從下水道到城市道路全面改造。此舉讓巴黎徹底擺脫過往髒亂的形象，以清新明媚的「新巴黎」形象示人，以塞納河為界的左岸、右岸就此出現。於是巴黎咖啡館開始精彩登場，花神咖啡館、利普咖啡館、雙偶咖啡館、紅磨坊等相繼開業。與塞納河右岸的流光溢彩、富麗堂皇相比，左岸的波西米亞風情更多了幾分浪漫不羈，也更受哲學家、作家、藝術家喜愛。正是在這個屬於咖啡館的美好年代裡，法國巴黎奠定了世界咖啡館之都的王者地位。

十九世紀末的美好年代裡，法國人

所特有的享樂主義發揮到了極致。咖啡館早已超出了吃喝範疇，舉凡宴會、展覽、婚禮、沙龍、創作、歌舞表演等活動皆靠咖啡醞釀，並在咖啡館裡舉行。就連 1895 年人類史上第一部電影的放映，也是在咖啡館裡進行的——今日在咖啡館裡，許多看似非凡的創意，其實一百多年前法國人都已嘗試過。咖啡館逐漸從精英文化，轉變為大眾文化和一種親民的生活方式。喝不喝咖啡不重要，泡不泡咖啡館卻是件大事。

維也納的咖啡館

「咖啡一進入腸胃，人便會產生一種騷動，思緒便會像戰鬥打響時的大軍席捲而來，記憶飛奔而至，迎風飛舞。」

——巴爾扎克

☕ 土耳其人送來的咖啡

　　1683 年，土耳其人率領十萬大軍，沿著多瑙河第二次圍攻維也納。雖然輕敵的奧地利皇帝貽誤了先機並選擇逃命避禍，但經歷過改造的要塞和英勇的市民還是保衛了維也納長達兩個月。直到一個精通土耳其語的小夥子科胥斯基冒充土耳其士兵，衝出重圍向波蘭國王揚・索別斯基搬救兵，波蘭和維也納軍隊裡外夾擊，才終於解除維也納之圍。

　　經歷土耳其人的兩次圍攻之後，維也納開始了輝煌的巴洛克藝術風格建設時代，人口持續增加，城市下水道、住宅門牌號碼、國家郵政系統、城市公務員制度等等，各方面的創新開始進入這座偉大的城市。維也納很快便成為歐洲最重要的文化中心之一，海頓、薩列里、莫札特、貝多芬和舒伯特等人更將維也納古典主義引領到了顛峰。

　　當年土耳其軍隊倉皇撤退時，留下了大量的咖啡豆。對咖啡一無所知的維也納人以為這些綠色的咖啡豆不過是駱駝的飼料，便連同一棟房子賞給立下戰功的科胥斯基作為獎勵。科胥斯基曾在土耳其居住多年，自然知道咖啡豆的來歷，他便在那棟房子裡利用這些咖啡豆開設了維也納第一家咖啡館——藍瓶子咖啡館。

　　科胥斯基在經營這家咖啡館時有許多困難，不得不改良作法以因應維也納人的口味，大量創意咖啡便應運而生。將咖啡兌上牛奶便是一例，這也許是科胥斯基被稱作「拿鐵咖啡之父」的原因。

☕ 維也納咖啡館崛起

十八世紀中葉，維也納城裡已有超過十家精美的咖啡館，除了販賣種類繁多的咖啡飲品外，經營桌球生意也是收入來源之一。進入十九世紀初，拿破崙在歐洲大陸強勢崛起，兩次軍事征服為維也納帶來空前的災難，物價上漲和自由人文精神的退化，使維也納的咖啡館進入蕭條期。1815 年，拿破崙時代宣告結束後，咖啡館生意才重新升溫。

到了十九世紀末期，維也納已有多達六百家的咖啡館。或許是出於對政治的疲憊和失望，維也納人開始著眼於營造咖啡館的溫馨家庭氛圍，耽溺於個人生活

的追求，對國家大事極力回避，轉而探尋人性深處的幸福。他們喜歡穿著睡衣和拖鞋，端著咖啡遊走在咖啡館和會客室之間，咖啡館是「第二會客廳」、「第二空間」的美名便從這來。現今咖啡館的「第三空間」理論也是從這裡來的。

當年維也納的咖啡館提供免費的報紙閱讀服務，以致於人們紛紛將其視為能提供咖啡服務的報刊閱讀室，嚴重影響報紙銷量，還曾被憤怒的報社告上法庭，咖啡館老闆們與報社為此打了一場曠日持久的官司。時光荏苒，數百年後的今天，許多傳統出版社因網際網路遭受嚴重的衝擊，他們又都不約而同想到了當年的「宿敵」咖啡館，並主動送上精美的雜誌和圖書，希望聯合咖啡館獲得新的生機，今非昔比，著實令人感嘆不已。

有些人會問我，為什麼很多咖啡館都以小額資本經營？其實後世氾濫的所謂小資產階級，不同於巴黎塞納河右岸典型中產階級的浮華璀璨、紙醉金迷，也不同於波西米亞一味追求的放蕩不羈、標新立異、自由無拘，他們更關注內心的深處體驗、營造精神世界的豐富性，雅緻的外表下是一顆絢爛多姿、流金溢彩的心。小資產階級的初次產生與維也納的咖啡館密不可分，因為維也納的咖啡館正是其孕育之地。如果說波西米亞和中產階級都是咖啡館世界裡的異

類，那麼小資產階級則是主流。可以說，小資（平價）路線是當代咖啡館的本質屬性之一，在咖啡飲品未升格為「生理需求」，還停留在「可喝可不喝」的國家尤其如此。

☕ 歐洲咖啡館之母

在那個長達半個多世紀的咖啡館時代裡，維也納「歐洲咖啡館之母」的稱號逐漸為人所知。心理學家佛洛伊德、作家克勞斯、作曲家馬勒、畫家克林姆、哲學家、革命家托洛斯基、戲劇家施尼茨勒等人，都曾先後流連於咖啡館，或高談闊論，或伏案疾書，或神態自若，或蹙眉凝神。卡夫卡曾在維也納中央咖啡館裡，深情朗讀《變形記》的草稿；被譽為「第一位咖啡館作家」的艾頓伯格也曾在裡頭深情寫道：「如果你心情憂鬱，不管為了什麼，去咖啡館。深戀的情人失約，你孤獨一人，形影相弔，去咖啡館。你跋涉太遠，靴子破了，去咖啡館。你所得僅僅四百克郎，卻願意豪放地花上五百，去咖啡館。你是一個小小的官員，卻總夢想成為名醫，去咖啡館。你覺得一切都不如意，去咖啡館。你內心萬念俱灰，走投無

路，去咖啡館。你仇視周圍，蔑視左右的人們，卻又不能缺少他們，去咖啡館。再也沒人相信你，不願借錢給你的時候，還是去咖啡館。」

與魯迅同年出生的奧地利作家茨威格是我鍾愛的作家之一。懷著對維也納咖啡館的無限鍾愛，茨威格曾說過這句經典名言：「我不在咖啡館，就在去咖啡館的路上！」

美國與咖啡

「溫暖的陽光下，穿著寬鬆的睡袍，坐上舒適的靠椅，喝著新煮的咖啡，何等舒適自在，還有自由的綠色鸚鵡與花紋絢麗的地毯，打消了古老聖餐的靜寂。」

—— 美國詩人華萊士 • 史蒂文斯

 美國咖啡崛起之始

作為全世界最大的咖啡消費國，美國還是當今世界咖啡領域多數技術、產品、理念的發明和宣導國，很多具有影響力的咖啡組織都在美國。說美國人掌控了今天的咖啡世界或許誇張，但美國人確實在現今的咖啡世界裡活躍至極。

很多人對北美的咖啡歷史不甚瞭解，不少人甚至以為北美曾是「咖啡沙漠」，直到星巴克橫空出世才讓美國人喝到咖啡。事實並非如此，目前可知的美國最早咖啡文獻始於 1668 年。1670 年，一位叫瓊斯的波士頓女士便向殖民政府申領了第一張咖啡銷售執照，意味著咖啡登錄北美。1691 年，在當時北美最大城市波士頓開立的 London Coffee House 是北美第一家咖啡館。但正如其他多數國家一般，十七世紀末期的北美咖啡館同樣是個三教九流混雜的娛樂休閒場所，隨時可能被政府追查。

1700 年，英國倫敦的咖啡館已超過兩千家，但其蓬勃發展的勢頭不久後便被遏制 —— 英國人愛上了茶。這使得

咖啡拉花藝術最早興起於美國

十八世紀初期的北美人也隨著英國殖民者的興趣愛好轉為迷上飲茶，但高昂的茶葉稅讓人負擔不起，英國政府還明令禁止普通民眾走私販賣茶葉（當時茶葉地下貿易占市場的九成），並將專賣權給予東印度公司。美國人開始積聚憤怒，原本逐漸沒落的咖啡也因此迎來新的契機。

十八世紀中葉開始，北美咖啡館逐漸成為政治家、商人聚會之場所，層次大幅提升，但政治氛圍的加重自然減少了輕鬆愉快的氛圍，尤其波士頓的咖啡館還是當時策劃革命的大本營。由此可見，不管在歐陸還是北美，最早的咖啡館都是政府頭疼的麻煩場所。

1773 年，一群反抗英國霸權的波士頓居民佯裝成印第安人，強行登上英國貨輪，將幾百箱價值不菲的茶葉倒入大海，旁觀者振臂歡呼，史稱「波士頓傾茶事件」。1774 年，獨立後的美國民眾為了表示愛國情操更拒絕喝茶，轉而

飲用咖啡，咖啡和咖啡館的生意也因此空前暴漲。獨立戰爭的領袖們更經常聚集在波士頓的咖啡館裡指點江山、策劃革命。每次想到這裡，都會被美國人如此理性而強烈的愛國主義精神所震撼。

☕ 背著磨豆機上戰場的美國大兵

1808 年，波士頓還曾創立當時全世界最大的咖啡專賣店（後來發生火災而燒毀）。十九世紀中葉以後，咖啡已成為美國人不可缺少的日常飲品，平均年咖啡消費量一度是歐洲人的六倍。

十九世紀初期，數以萬計的美國人越過阿帕拉契山，開始向西移動。拓荒者們勇敢而勤奮地向西尋求更好的生活並開拓家園，溫暖的咖啡在此時成了他們戰勝困難的精神支柱。到了南北戰爭期間，咖啡是軍隊的基本供應之一，每一位士兵領取軍餉時都非常在意配給的咖啡是否公平，背著磨豆機出征的士兵

比比皆是。我還曾讀過一個未經證實的野史趣聞，有一小隊南方士兵因為不滿長官在發軍餉時，擅自扣減了他們應得的咖啡豆，因此發生譁變。如果這個故事屬實，可說是為美國的咖啡史又添三分異彩。

以往的美國咖啡烘焙商喜歡將咖啡豆進行淺度烘焙，因此淺度烘焙也叫「美式烘焙」。這與我們講烘焙時的一句觀點相合：高品質的咖啡豆如果烘得較淺，更容易表現出優雅卓越的風味。不過因為這樣就認定美國人以往消費的咖啡豆大多品質卓越，恐怕又言過其實。彼時的美國在咖啡消費上僅以數量取勝，烘焙商之所以選擇淺度烘焙，只是為了降低咖啡豆的失水率，賺更多錢罷了。

「羅斯福咖啡」

二戰期間，由於美國大兵登陸歐洲戰場參戰，即溶咖啡獲得品質大幅提升的機會，為今天美味的即溶咖啡奠定了基礎。此外，當時美國施行物資配給制，咖啡為重要物資，每個人一天只能喝一杯。某次羅斯福總統在招待記者時，炫耀自己每天早晚都各喝一杯咖啡，這引起記者們的不滿和質詢。只見羅斯福平靜地解釋：「我確實是早晚各喝一杯咖啡，不過晚上那杯是把早晨煮過的咖啡

再煮一次。」從此，人們把煮過兩次的咖啡又叫作「羅斯福咖啡」。

美國人的咖啡精神

二戰以後，美國迎來歷史上最偉大的創新與建設時代，每人平均年收入一度是歐洲人的十五倍，平均年咖啡消費量達到九公斤。我曾看過一個紀錄片，講述二戰後美國如何建設龐大的州際公路系統，其中好幾幕場景便是人們圍坐在施工現場，快樂地喝著咖啡。更令我印象深刻的是，片中一位專家在評論歷史時，邊喝咖啡邊說道：「沒有什麼能阻止一個人成為自己想成為的樣子，去想去的地方，做想做的事。（There was nothing that could stop person from being what they want, going where they want, doing what they want.）」或許這也是美國人的咖啡精神吧！

1960 年代，冷戰中的美國啟動阿波羅登月計畫（Apollo Project），美國人乘坐阿波羅十三號太空船進行人類第一次登月之旅時，曾發生過可怕的故障——返航中的載人太空梭可能無法順利進入大氣層。當時地面指揮部人員不斷深情地向三位生死未卜的宇航員喊話：「加油！香噴噴的熱咖啡正等著你們。」諸如此類的話語也可以在無數好萊塢電影裡聽到類似的台詞，不難想像

咖啡在美國人心中，象徵著愜意、幸福的生活。

2008 年，歐巴馬競選總統時還曾有個趣聞，據說他有很多洋洋灑灑的競選演講稿，都出自一位年僅 27 歲的年輕幕僚之手。這位幕僚有個怪癖，他喜歡坐在華盛頓咖啡館的露天座位上奮筆疾書，沒了那「氛圍」就無法工作。

☕ 星巴克與「第三次咖啡浪潮」

1966 年，艾佛瑞 ・ 畢特（Alfred Peet）在舊金山開店推廣新鮮深度烘焙的咖啡豆，醇香甘甜的美味咖啡很快地征服了習慣於「量大質低」的美國消費者。他的三位徒弟在手藝學成後，於 1971 年在西雅圖創辦了星巴克咖啡，同樣主推新鮮深度烘焙的咖啡熟豆，並教授大家如何使用法式濾壓壺沖泡咖啡。2007 年畢特先生去世時，美國各大媒體都進行了報導並表達哀悼之情，其在美國乃至全球咖啡界的地位由此可見。

1974 年提出精品咖啡概念的努森女士（Erna Knutsen）則是另一位世界級的美國咖啡大師，不同於畢特注重烘焙的深淺度，努森強調的是產地，關注不同地域的高品質咖啡之風味。1987 年，霍華 ・ 舒茨收購星巴克，並引入義大利濃縮咖啡，最後發展為今天世界級的咖啡連鎖企業。試想若不是星巴克的商業成就，義大利人視為國粹珍寶的 Espresso 以及卡布奇諾等義式咖啡，恐怕會被淹沒在歷史洪流之中。

現在全球的咖啡消費正進入嶄新時代，約占總產量 10% 的精品咖啡無疑是咖啡界新寵兒，手工沖泡的精品咖啡帶來更高的品質、溫度與人文情懷，有人稱之為「後濃縮咖啡時代」，還有人興奮地歡呼「第三次咖啡浪潮」到來了。

美國精品咖啡協會（SCAA）是目前全球最大的精品咖啡組織，也是第三次咖啡浪潮的最大推手之一。越來越多新興咖啡機構閃亮登場，龐大的星巴克動作雖稍嫌遲緩，卻也不甘落後。從 2010 年創立「星巴克典藏咖啡」，到 2014 年 12 月五百二十坪的「星巴克典藏咖啡烘焙品嚐室（Starbucks Reserve Roastery and Tasting Room）」在西雅圖 Capitol Hill 盛大開業，星巴克爭當第三次咖啡浪潮「弄潮人」的意圖十分明顯。

漫談雲南咖啡

「回想自己有關咖啡的最早記憶自然也和很多昆明人一樣，源於老昆明金碧路上的『南來盛』咖啡館。記憶中有服務員用長柄大勺，從一個大鐵桶裡舀出黑呼呼的液體盛到琺瑯杯或玻璃茶杯裡遞給客人，當時年少的我自然不知道那其實就是咖啡，但那大鐵桶裡騰起的咖啡香卻留在恆久的記憶裡。」

—— 作家黃蜀雲

雲南省的西部和南部地處北緯 15° 至北回歸線之間，大部分地區海拔在 1000 ～ 2000 公尺，地形以山地、坡地為主，且起伏較大、土壤肥沃、日照充足、雨量豐富、晝夜溫差大。這些獨特的自然條件，造就了雲南阿拉比卡咖啡的風味特性—— 香濃均衡，果酸適中。

雲南的咖啡種植區非常廣，主要為南部和西南部的普洱、景洪、文山、保山、德宏等地。行進在滇緬公路途經的保山、德宏等地區，望著道路兩側綠帳般身姿曼妙的咖啡樹，那種心情是難以形容的。尤其是位於北回歸線上的普洱市，面積 4.5 萬平方公里，熱區面積超過 50%，森林覆蓋率超過 67%，已經日漸成為中國種植面積最大、產量最高的咖啡主產區和咖啡貿易集散地。

雲南咖啡故事

雲南與咖啡結緣有四個不同的歷史時期，以下逐一描述。

第一階段：1880 年代，清政府被迫與法國簽訂條約結束了中法戰爭，並開放蒙自（紅河州蒙自縣）為通商口岸。1889 年，蒙自海關開關，拉開了西南邊

陲與外互通的序幕，頓時外商雲集，洋行接踵而至。到了二十世紀初，咖啡店與酒吧、網球場、酒店、賽馬場等西方場所開始出現在街頭，為各色人等提供休閒服務。

第二階段：1902 年，法國傳教士田得能從越南將咖啡帶到雲南省大理賓川縣的朱苦拉山村中種植。時至今日，那批咖啡所繁衍的後代仍存活著，古老的咖啡樹林在晨露晚霞中訴說著百年的過往——荷蘭阿姆斯特丹市長某次在 1714 年親訪法國時，將咖啡樹贈予路易十四，從此開啟了法國的咖啡事業。因此也可以說，越南這個法屬殖民地的咖啡樹之共同祖先，是荷蘭阿姆斯特丹皇家植物園裡的那幾株咖啡樹。那麼荷蘭人的咖啡樹又是從何而來呢？要知道那可是荷蘭人費盡千辛萬苦，從葉門摩卡港口偷渡來的純種阿拉比卡波旁種咖啡樹。千迴百轉，朱苦拉村的古老咖啡樹也因而有著足以驕傲的純正血統。

第三階段：1952 年，雲南省農科院專家將八十公斤的咖啡種子分配到保山潞江壩的農民手裡，數年後又大規模指導種植，這才有了此後滇緬公路沿線婆娑搖曳的咖啡樹。為了供應蘇聯的巨大需求，雲南的咖啡種植迅速發展。隨著中蘇關係惡化，中國內部並沒有龐大的需求市場支撐，多達數千公頃的咖啡園或轉為荒蕪，或改種其他經濟作物，使得雲南的咖啡業跌入谷底，古老的阿拉比卡咖啡樹之沿襲也岌岌可危。

第四階段：1988 年，雀巢在中國成立合資公司，透過咖啡種植專案等方法支持雲南當地咖啡產業，雲南咖啡再次崛起。1992 年起，雀巢成立咖啡農業部，專門指導、研究雲南咖啡的改良與種植，並按照美國現貨市場的價格收購咖啡。截至目前，不僅雀巢、麥氏（Maxim）、卡夫（Kraft）、星巴克等咖啡巨頭均在雲南進行咖啡事業，德宏後穀、普洱愛伲、保山聯興、保山雲潞等中國本土咖啡企業也逐漸發展壯大。

愛伲集團咖啡莊園在雲南的雨林咖啡

前景看好的雲南咖啡

截至 2011 年底,雲南全省咖啡種植面積已達 64.59 萬畝,產量近 6 萬噸。種植面積占全國面積 99.3%,產量占全國的 98.8%。無論是從種植面積還是咖啡豆產量來看,雲南咖啡已立足中國國內的主導地位。不妨簡單比較一下,雲南作為中國茶葉種植面積最大的省,全省茶葉種植總面積達 280 萬畝,總產量約為 9 萬噸。如果再看咖啡與茶葉的創匯收入比較,咖啡的優勢更加明顯。

咖啡種植給雲南農民帶來了很多驚喜,雖然 2012 年經歷了一次打擊,但回歸合理價位並更加關注品質並非壞事,尤其目前國際咖啡價格總體趨勢持續走高,更是讓種植者充滿期待。

雲南省在「十二五」規劃中,已將咖啡作為重點發展的產業之一,各界一致認為,「十二五」期間將會是雲南咖啡產業的加速發展期。根據 2011 年的《雲南省咖啡產業發展規劃(2010〜2020)》來看,2015 年雲南咖啡種植面積預計發展到 100 萬畝,實現總產值 170 億元以上;到了 2020 年,種植面積預計穩定在 150 萬畝左右,實現總產值超過 340 億元。由於雲南可供開墾種植咖啡的土地面積已經不多,恐怕現有林地資源也要合理利用上。

雲南的咖啡加工基地，正在進行咖啡果實去皮程序

新咖啡主義

「對於我們，咖啡館是一個巨大的磁場。你怎麼跑，最後還是要到那裡，一種抵抗不了的吸力，一種上癮，如癡如醉，欲罷不能。我們迷戀那兒的空氣、光線、聲音，忘記時間地沉浸在那裡，在一群跟自己一樣的人當中，可能繼續一個人，但大家都心照不宣。」

——張耀《咖啡地圖》

1990 年代以來，隨著美國這個最大咖啡消費國擺脫長達數十年的咖啡消費低迷期，全世界再度掀起一股咖啡熱潮。這股「咖啡熱」伴隨著全球化的大潮，與新經濟相互借勢，造就一場蔚然壯闊的新咖啡主義。

全球化咖啡消費熱潮

全球化咖啡消費熱潮是新咖啡主義的最大特點。不管是最大的咖啡消費國美國，還是歷史上的咖啡消費強國歐洲諸國，甚至是在中國、韓國等新興咖啡消費地區，人們皆不約而同地喝起一杯又一杯的咖啡。

在日本，咖啡正迅速取代傳統的飲茶習慣，咖啡創造的就業機會已然超過全國總就業機會的 5%，並且正不斷增加中。在韓國，一般民眾學習咖啡的熱情之高漲，連歐美人都吃驚不已，其咖啡產業甚至已大舉拓展至海外地區。而中國的咖啡主產區雲南，則有大量的茶園轉為改種咖啡，各類技術之整合與提升的資訊不斷湧現。

在網路時代曼舞

新咖啡主義帶有濃厚的網路新經濟色彩。不管是利用網路進行拍賣或零售的店家，還是利用社群網站進行產品行銷宣傳的咖啡公司，或是眾多在網路上進行活動策劃、客戶管理的咖啡店，皆因網路時代的來臨而與自身產生強大的連結。而實體咖啡店似乎並未因此遭受衝擊，反而受益匪淺。我曾與美國朋友針對此議題徹夜討論，最終得到的結論是：咖啡及咖啡館是網路時代最令人興奮的實體經濟之一，網路時代越進化，越需要咖啡館這樣的實體店家做支點，因此咖啡館會趨向強勢成長。

與科技同步發展的咖啡

受科技進步和工商業發展的巨大推動，新咖啡主義催生了一批新興產業和市場需求，大量創新且高科技的咖啡器具、咖啡機湧現，如電動虹吸式咖啡壺、智慧環保烘豆機、氣壓式手持濃縮咖啡萃取器、機器人手沖咖啡機，還有能記憶口感、收集溫度與濕度等資訊，並不斷調整萃取技術的咖啡機……技術的進步也直接養成一大群嶄新的咖啡愛好者——設備器具狂熱者。如果能參加一次國際咖啡展，便會受那熱烈氣氛所震撼，許多國際性咖啡展已成為全球文化、經濟、科技相融合的盛典。

某個咖啡論壇裡，來自世界各地的咖啡愛好者們一致認為：「如果你是一位咖啡愛好者，又不幸成為咖啡設備狂熱者，那麼恭喜你，你離破產不遠了！」

健康、技術與品質

咖啡已不再只是提神飲品，一方面咖啡的健康價值開始廣受關注，低因咖啡持續升溫，越來越多人將咖啡當作保健食品享用，咖啡的地位再次提升。另一方面，人們也開始思考怎樣才能泡出更好的咖啡，各種沖泡技術也因而得到提升。精品咖啡運動發展得如火如荼，咖啡品質鑑定師、咖啡烘焙師、咖啡杯測師、咖啡培訓師等新興職業應運而生，成為聚光燈下的新焦點。因此全球的咖啡供應品質也在逐年提升。

咖啡館文化的再次興盛

咖啡館文化再次興起是新咖啡主義的重要展現之一。星巴克、85度C、

COSTA、SECOND CUP、KOHIKAN、CAFE COFFEE DAY 等連鎖咖啡店崛起並橫掃全球，它們的成功與擴展也直接帶動了全球化的進程，促進咖啡、咖啡館文化的普及。另一方面，那些注重品質和人文發展的獨立咖啡店、個性咖啡店也殺出重圍，受到消費者的愛戴。

除了一些西方的咖啡店品牌以每年開設數十家店的速度往東方國家迅速擴張外，各國的本土咖啡品牌也獲得投資，開始一段追尋夢想的創業歷程。在在顯示咖啡館文化的熱潮銳不可擋。

新咖啡主義的精髓並不侷限於咖啡本身，也不限於咖啡館內的有限空間，而是一種嶄新的全球文化，一種醇香魅力的生活方式。當人們面帶微笑地端著咖啡杯，咖啡與咖啡館已成為一項媒介、一個平臺，承載人類創造的一切資訊與智慧。此外，1950 年代北美率先興起的 Coffee Break，也正在全世界各個家庭、公司茶水間與咖啡館等場所裡不斷

發酵成長。人們已意識到，工作繁忙之餘也該停下腳步，慢慢品味生活之美，享受交流之樂。

「我不在咖啡館，就在去咖啡館的路上」

我曾在某個城市中一間看似不起眼，裝潢卻別具一格的小咖啡館裡，看見正在設計菜單的店員流利地寫下這句話，不由得會心一笑。奧地利作家茨威格大概沒料到自己曾說過的話，會在百餘年後的今天，伴隨著全球咖啡館時代的到來而成為膾炙人口的世界級名言。咖啡館老闆們都喜歡這句話，將此作為招攬生意、標榜品味的廣告詞；顧客也喜歡這句話所透露的優雅生活方式。

有人說，二十世紀第一次世界大戰的開始，意味著第一次咖啡館高潮的落幕；也有人說，是 1960 年代巴黎街頭的學生運動，宣告了咖啡館美好年代的徹底終結。但無論如何都不能否認，伴隨著二戰後世界的持續和平，網路新經濟以及全球化浪潮下，星巴克、COSTA等國際化咖啡館品牌與數以萬計的中小型咖啡店，彼此相互合作，正在推動人類史上又一次的咖啡館高潮。

一個嶄新的咖啡館時代已經到來！

Chapter2
創造美味咖啡

一杯咖啡的最終風味與口感取決於諸多條件，不妨分成「先天」與「後天」兩方面進行探討，前者重點在於創造（Creation），強調的是本質、處於產業鏈上游的東西，如咖啡樹的品種、種植方式、自然環境、土壤條件以及採摘、初部加工等。後者則涉及產業鏈下游的工作，如烘焙、研磨、萃取等，屬於將先天條件發揮至極致的奇妙過程。

這一章節我們將從咖啡樹的品種與種植等基礎面說起，並將精品咖啡、低咖啡因咖啡、咖啡對健康的影響等相關議題納入探討範圍。對於一般咖啡愛好者，本章所涉及的話題也許看似艱深而遙遠，實則不然。而對於咖啡愛好者甚或專業人士，深入認識咖啡必是充滿趣味與意義的。

咖啡帶與生產國

「一杯完美的咖啡，有如魔鬼般漆黑，地獄般滾燙，天使般純潔，愛情般甜蜜。」

—— 法國外交官 Talleyrand

🍵 咖啡種植帶

全球大部分的咖啡產區都位於南北回歸線之間的熱帶地區，我們稱之為「咖啡帶」，英文叫做 Coffee Belt 或 Coffee Zone。作為熱帶經濟作物，咖啡樹生長在氣候條件卓越的咖啡帶裡，終年陽光直射，有著豐沛的能量和充足的雨水，年平均氣溫在 20 ℃ 以上。但高溫、多濕、強光照射的環境也非任何品種的咖啡樹都能承受，例如某些阿拉比卡種的咖啡樹便不耐高溫多濕，往往須種植在海拔較高的地區，如果光照過強還需要進行遮蔭處理，「雨林咖啡」「蔭栽咖啡」便是由此得名。

氣候以外，地形是需要考量的第二大要素。咖啡樹不宜生長在寒風吹過之地，因此開闊向南、冬季無霜和無風的山坡地是種植的首選地形；背陰面的生長期較慢，有時也是不錯的選擇。此外，雖然我在世界各地的咖啡種植區見過不少超過 30 度的斜坡，但坡度太陡並不利於種植、採收、土壤保肥等作業，因此在雲南種植咖啡樹即十分強調種植地的坡度要小於 25 度。

土壤條件也至關重要。因咖啡樹屬於淺根系植物，最適合土壤富含有機質且保肥力強、水氣豐沛且排水暢通、土層深達 1 公尺以上、呈弱酸性（雲南種植咖啡的土壤 pH 值一般介於 5.5 到 6.5 之間）之地。瓜地馬拉、巴西、哥倫比亞，以及美國夏威夷、牙買加藍山、印尼爪哇、中國雲南等地之所以能成為優秀的咖啡產區，都與擁有這類火山土壤或森林土壤有關。為了保護生態環境，山頂和山脊通常不宜種植咖啡樹。

經驗豐富的咖啡園藝師在尋找適合咖啡樹生長的環境時，往往會透過查看當地芒果、香蕉、橄欖等熱帶經濟作物，以及車桑子、金合歡等「指標植物」的生長狀態來輔助。此外，隨著「健康、環保、有機」等理念日漸被重視，還要對土壤的污染程度進行檢測。

🍵 全球十大咖啡產國

全球有七十多個國家生產與出口咖啡豆，但產量和品質卻參差不齊。從

國際咖啡組織（ICO）公布的 2012～2013 年排名來看，產量由多至少依序為巴西、越南、印尼、哥倫比亞、衣索比亞、印度、洪都拉斯、祕魯、墨西哥、烏干達、瓜地馬拉；全球三大咖啡產區則為中南美洲、亞洲和非洲。

南美洲的農業大國巴西，憑藉廣袤的平原地形與大莊園經濟形態，得以展開機械化的生產模式，因此是全世界最大的咖啡產國。除此之外，其精湛的種植與灌溉技術，以及土壤和品種改良技術也是巴西咖啡產業的制勝法寶。

巴西生產的咖啡豆量大而品質不一，有阿拉比卡種，也有羅布斯塔種。其中阿拉比卡種以日曬法和頗具特色的半日曬法為最常見的加工處理方式。

咖啡的三大原生種

「啊！咖啡是如此甜美，比一千個吻都要醉人，甘醇勝過麝香葡萄酒。」
—— 巴赫的歌劇作品《咖啡康塔塔，1734》

我們在生物課都學過，生物分類法由大到小依序為：界、門、綱、目、科、屬、種。咖啡與梔子、金雞納樹、蒲桃等 6000 多種植物（多為熱帶植物）一起被列為雙子葉植物綱（Magnoliopsida），龍膽目（Gentianales），茜草科（Rubiaceae）。茜草科下有個獨立的咖啡屬，有上百種

的木本植物（灌木或小喬木）隸屬其中，我們稱之為原生種、種類或物種（species）。

「草本咖啡」不是咖啡

近年開始興起的「草本咖啡」，其實是一種一年生的灌木狀豆科植物，與決明子近似。其植株高度約為 1 公尺，果實經過烘製、研磨、萃取後，有近似咖啡的風味和色澤，但與真正的咖啡毫無關係。

碩果僅存的三大原生種

科學家指出，咖啡屬之下有含真咖啡亞屬（Eucoffea）在內的四個亞屬，真咖啡亞屬又可細分出紅咖啡種、粗咖啡種、莫三比克咖啡種等多個子系，這些子系中共計有 103 個咖啡原生種。在所有原生種中，能夠進行人工栽種並產出咖啡豆，且擁有巨大商業價值的品種很少，而我們常說的咖啡三大原生種——阿拉比卡種咖啡（Coffea Arabica）、羅布斯塔種咖啡（Coffea Robusta）、賴比瑞亞種咖啡（Coffea Liberica）便屬此類。在中國，則分別將上述三個原生種命名為小粒種、中粒種和大粒種咖啡，因此到雲南旅遊時，可能會聽到「雲南小粒咖啡」的說法。

蜜蜂正在咖啡花叢中採蜜

原產地在非洲西部的賴比瑞亞種，出自粗咖啡種子系，咖啡樹是高大的常綠喬木，其枝幹整體形態向上是最易辨認的特徵。此品種雖不難種植，但風味、香氣、抗病蟲害能力等方面皆薄弱，目前種植面積急劇萎縮，商業價值日減，多改作物種保存或科學研究，已很少個別討論。

三大原生種中，以出自紅咖啡種的阿拉比卡種最為有名。其在 1753 年由瑞典植物學家確定為咖啡原生種，現已被廣泛認為是「高檔咖啡」的代名詞，並且頻繁出現在各種咖啡廣告中。「100% 阿拉比卡」更成為某些咖啡愛好者常掛嘴邊的名詞。

阿拉比卡種原產自咖啡的故鄉衣索比亞，後來透過阿拉伯半島傳入歐洲而廣為人知（葉門的摩卡港當時是運往歐

洲的咖啡等物資之集散地），其英文學名便因此得名。

另一源自紅咖啡種的原生種——羅布斯塔種，嚴格說來應被稱作中果咖啡（Coffea Canephora），原產地是位於非洲中部的剛果。比起阿拉比卡種，羅布斯塔種有生命力強、抗病蟲害能力好、種植管理成本低、萃取率高等優點，但在風味與香氣上卻略遜一籌，咖啡因含量也約為阿拉比卡種的兩倍，因此並不受消費者喜愛。

與阿拉比卡種相比，羅布斯塔種的酸味並不明顯，苦味則往往較突出些。現今在印尼、印度等產地已有高海拔種植、水洗加工的精品級羅布斯塔咖啡，雖尚為個案卻讓人引頸期盼，羅布斯塔的未來並非一片黯淡。

阿拉比卡——高檔咖啡的代名詞

阿拉比卡種的咖啡植株通常不高，綠葉略顯修長，果實呈較小的橢圓狀，因此又稱作小果咖啡。其風味出眾、香氣迷人，還有明顯的果酸，這些特性尤以產自高海拔地區的品種更為顯著。雖然染色體數量特異、雌雄同株、自花授粉等遺傳基因上的先天不足導致其生命力較弱、抵禦病蟲害能力不強、種植管理成本較高，但龐大的商業價值仍使其成為種植面積最廣的原生種。

根據國際咖啡組織的統計，全世界消費市場上流通的咖啡約有 65% 為阿拉比卡種，佔總產量七成左右，且數值仍不斷增加中。尤其海拔 800 公尺以上的高地，更是適合阿拉比卡咖啡生長的地形。

由於羅布斯塔種不論是萃取總量（咖啡的萃取液容量）還是咖啡因含量，皆為阿拉比卡種的兩倍甚至更多，所以多被用於製成即溶咖啡和罐裝咖啡。雖然單獨飲用羅布斯塔豆製成的咖啡「令人生畏」，但許多傳統咖啡烘焙業者會在阿拉比卡種中混入少量的羅布斯塔種，如此搭配出來的咖啡不僅可稍微降低成本、提高產出率，還能使咖啡成品有更加豐厚的油脂、獨特的苦味及豐富的咖啡因和單寧酸，也能調和阿拉比卡原有的酸味，使層次更為豐富。

由於各人喜好不一，加上加工等環節至關重要，單純以使用什麼品種來評論咖啡的風味優劣與檔次高低是不嚴謹的，事實上羅布斯塔種中也有精品。阿拉比卡與羅布斯塔的混種工作更是如火如荼進行中，種植者無非是希望能產出風味、產量和抗病蟲害能力更加出色的商業品種。

從原生種到演變品種

「咖啡是我們的黃金，在任何以咖啡招待客人的地方，我們都會交到最高貴、最寬容的朋友。」

—— 麥加人的咖啡讚美詩

品種（Variety）是原生種經過雜交、變異、突變等過程後的最終穩定形態，具有相對的遺傳穩定性和生物學上的一致性。帝比卡、波旁、帕卡斯、卡杜拉、黃波旁、新世界、肯亞SL28、卡杜艾、藝妓等皆為阿拉比卡原生種下的單一品種，因風味出眾而有很好的口碑。

☕ 古老的波旁與帝比卡

波旁（Bourbon）和帝比卡（Typica）是目前現存最古老的阿拉比卡咖啡品種，也被認為是阿拉比卡的兩大「最佳繼承者」，其風味之佳毋庸置疑。帝比卡又叫鐵比卡，是與阿拉比卡原生種最接近的「祖宗級品種」，一度是阿拉比卡咖啡中種植面積最大的品種。波旁則

是由帝比卡突變的產物，又叫波本或波邦，特色為咖啡豆小而渾圓。

對許多咖啡狂熱者而言，越是原始、傳統的固有品種，風味越好，因此波旁和帝比卡的擁護者比比皆是。但是由於此二品種都有產量少、抗病蟲害能力弱（尤其是葉鏽病）、收穫期長等難以克服的缺點，因此並不受種植者青睞，種植面積正在銳減中。另一方面，具有帝比卡和波旁風味的改良品種則開始浮出水面。

可以說，今天全球各地優秀的咖啡豆品種，都與帝比卡或波旁具有密切血緣關係，形態上亦有相似之處。除了討論品種特性，還必須將種植區的海拔、土壤、氣候、水質、光照等納入分析範圍，因為各種生長條件的總合才是產生

其風味的根本原因。20世紀初英法科學家在肯亞篩選、培育出來的波旁嫡系便是一例，它們百年來已適應肯亞高濃度的磷酸土壤，孕育出來的肯亞豆不同於中南美洲的波旁豆，具有特殊的酸香。頂級的肯亞咖啡都是出自這兩個優秀品系，但移植到別的地方味道卻不同，無法顯現肯亞豆的特色。

至於卡杜拉（Caturra）、卡杜艾（Catuai）和新世界（Mundo Novo）這三個品種則具有較大的產量和較好的風味，也都是巴西目前常見的品種。尤其是新世界，作為最早在巴西發現的雜交品種（波旁和帝比卡混種），具有風味絕佳、產量高、樹高豆大與抗病蟲害能力強等特色。卡杜拉阿馬雷歐（Caturra Amarello）又叫黃卡杜拉，由卡杜拉變種而來，此品種較特殊，成熟的果實非一般常見的紅色，而是呈現漂亮的黃色，因此很好識別。另一個具有相同特性，但口感更好一些的品種，名為黃波旁（Yellow Bourbon）。我曾品嚐過其成熟果實，口感甜美，杯測後風味卓越不俗。

搶盡風頭的藝妓咖啡

藝妓咖啡（Geisha）又稱瑰夏或蓋夏，2004年在巴拿馬COE（Cup Of Excellence，一種精品咖啡評級制度）大賽中嶄露頭角，近年來更是在全球各類精品咖啡大賽中出盡風頭，曾在拍賣會上以每磅逾170美元的天價賣出。2012年4月舉辦的SCAA年度咖啡生豆大賽上，得獎的前十名中更有三款是來自哥倫比亞的藝妓。

藝妓咖啡可謂衣索比亞這個咖啡品種寶庫中的一朵奇葩，此品種的生豆外型細長，光澤瑩潤。高海拔地區出產的藝妓香氣迷人，口感純淨，酸度活潑，甜度絕佳，個性風味明顯且多變。在哥倫比亞、巴拿馬、哥斯大黎加、瓜地馬拉等國都有少量種植，但產量很少、產出率不高，且一旦種植在低海拔地區，風味口感即會大打折扣，因此商業前景並不如其品質與口碑那麼好。

品質出眾的巨型咖啡豆

馬拉戈日佩（Maragogype）也是帝比卡的變種，以發現地巴西的馬拉戈日佩地區命名。由於其生豆大小往往超過19號篩網，也被稱作巨型象豆（Elephant Bean）或巨型咖啡豆，目前在墨西哥、瓜地馬拉、巴西、洪都拉斯、古巴、尼加拉瓜等國都有出產。馬拉戈日佩歷史較悠久，早在20世紀初便得到歐洲某些消費者喜愛，其口感溫和平衡、香氣良好，雖然豐富感與特色略顯不足，但良好的賣相仍是贏得消費者的重要籌碼。前幾年甚至傳出中國有些不良咖啡

豆經銷商，將象豆冒充牙買加藍山咖啡以賺取暴利。

雲南咖啡品種之王——卡帝莫

1959 年由葡萄牙人培育出的卡帝莫（Catimor），擁有四分之三的阿拉比卡血統和四分之一的羅布斯塔血統，最大特色是極其健壯、抗葉鏽病能力強。對咖啡業者而言，無論是產量、成熟期、抗病蟲害能力和風味，都是一款較為理想的商業品種。不過一旦種植到高海拔地區，其固有的「劣根性」就暴露無疑，而帝比卡、波旁等更古老且接近原生種的品種之優勢則能展現得淋漓盡致。

目前卡帝莫各個系列的咖啡豆在雲南的種植面積非常大，咖啡農們很看好其樹矮、產量高、可抗天牛與葉鏽病等

病蟲害的優勢。不過目前雲南的卡帝莫尚未在任何權威大賽中獲獎，算不上精品級，改良探索工作任重道遠。

其他咖啡品種

除了上述品種外，全世界的優良咖啡品種不勝枚舉。例如藍山帝比卡是與牙買加藍山當地水土完美結合的帝比卡品種；夏威夷科納帝比卡是 19 世紀末期引自瓜地馬拉，而後經歷上百年馴化的帝比卡品種，有著令人著迷的絕佳風味；印尼蘇門答臘曼特寧近些年常見的拉蘇娜（Rasuna）是卡帝莫與帝比卡的混種，杯測結果非常出眾；素以產量與品質兼具而聞名的生產國哥倫比亞，則以哥倫比亞（Colombia）、卡斯提優（Castillo）等品種笑傲天下。

咖啡根、莖、花、葉、果

「咖啡館的歷史比俱樂部還悠久，那是一個民族的禮儀、道德和政治的真正所在。」

—— 伊薩克・德瑞里

阿拉比卡咖啡樹的根系較淺，以圓錐狀向下一層一層分布，一條粗短的主根外，其他全是茂密的鬚根，所以疏鬆肥沃、排水良好的土壤特別適合其生長。根系淺的植物一般需注意地表積水

和地下水位的問題，我們經常見到咖啡樹種植在山坡地上，也是因為山坡地有排水優勢的緣故。如果要在地勢低窪處種植咖啡樹，則必須修鑿排水溝。

　　阿拉比卡咖啡樹從幼苗時就需要細心照護枝幹生長，因為從主幹上生長出來的第一個分枝將決定往後的生長態勢、生長速度、結果多寡等，關係重大。而從第一分枝生長出的第二分枝則是主要的結果枝，更是十分重要。咖啡樹莖直生，莖上有節，節的密度則是判斷品種的重要指標之一。每個節上皆有一對葉片，葉腋間生有上芽和下芽。

　　阿拉比卡咖啡樹的葉片色澤濃綠，呈修長的橢圓形，兩葉對生，葉片邊緣有波紋狀。尖端新長出的嫩葉呈現綠色或紅色，是判斷品種的重要指標之一。作為原始熱帶雨林中的下層樹種，其咖啡樹並不耐強光照射。如果想讓葉片碩大肥壯，除了澆水施肥，光照適度至關重要，所以戶外咖啡園裡的阿拉比卡咖

啡樹往往會種植在高大的遮蔭樹下。適當的遮蔭對於抵抗葉鏽病、穩定產量、提高風味等也有幫助。

　　咖啡種子種植前要先用溫水浸泡 24 小時，種植後約 40 ～ 60 天發芽，幼苗長出 4 ～ 5 對真葉後就要移植。移植的株距依品種不同而略有差異，種植花生等臨時遮蔭樹和合歡等永久遮蔭樹也是有必要的。

　　從幼苗長成小樹 3 年後即可開花結果。咖啡為雌雄同花、自花授粉植物，五瓣形的咖啡花朵潔白素雅，芬芳馥郁。相較之下，咖啡飲品的醇香則別有清幽之美。咖啡花主要開在長出分枝的節點上，近觀一叢一叢，遠看則是順著枝條呈現條索狀。以中國雲南為例，花期集中在上半年 3 ～ 4 月，有時也會受乾旱、海拔等因素影響。咖啡樹花期短，一般約 1 週左右，且通常在清晨時怒放。花粉囊會於近中午時裂開，開始自花授粉。

　　每一叢白花綻放的枝條節點會長出多則十幾顆、少則個位數的果實，咖啡果實為多汁的漿果，隨著其慢慢成熟，外果皮會逐漸由綠轉為紅或紫紅色（少數會變成黃色）。此一成熟期通常需要 8 ～ 10 個月，同一株咖啡樹的果實不一定會同時成熟，不同海拔更是差異甚大。

　　咖啡樹開始結果後，第 5 ～ 7 年才是盛產期。20 年左右的經濟壽命完結後，咖啡樹將逐漸衰老，此時需進行截

幹等處理以迎接新生命，專業術語叫作「更新復壯」。研究過葡萄酒的人應該會發現，這與葡萄藤的種植與養護非常類似。

剝去外果皮後就是我們說的咖啡果肉（中果皮），這是一層帶甜味的漿狀物質，可以食用，但口感並不特別好。中果皮裡面即為可以生根發芽的咖啡種子。咖啡種子的殼即為咖啡果實的內果皮，又稱「羊皮紙」，質地堅韌。帶內果皮的完整咖啡種子又叫「羊皮紙咖啡」或「帶殼豆」。再往裡面有一層薄薄的銀皮（Silver Skin），銀皮緊緊包覆著內裡的種仁，須透過烘焙加熱才能脫離。包裹著銀皮的咖啡豆被稱作咖啡生豆，烘焙後剝離了銀皮的咖啡豆則稱作咖啡熟豆。

採收新鮮果實

「咖啡館裡的人特別多，即使沒有椅子或沙發可以坐，氣氛還是非常好的，光是享受人群的擁擠和嘈雜熱鬧的氣氛就夠了。」

—— 義大利作家 Cesare Musatti

明代《茶錄》：「採茶之候，貴及其時，太早則味不全，遲則神散。」採摘咖啡果實也是同樣的道理。我們通常會根據外觀來判斷咖啡果實成熟與否，除了某些特殊品種外，一般青綠或黃綠色的是未熟果，在雲南的咖啡產區叫作青果，不僅難以脫皮，且口感艱澀，是咖啡品質拙劣的主要原因之一，應避免採收。紫黑、深黑紅色的咖啡果則為過熟果，另外還有脫水乾皺的乾果、被病蟲害侵蝕的病果（果皮上有蟲眼或病斑），也都會對口感產生負面影響，嚴禁採摘。

未及時採收的咖啡果實，在枝幹上已被風乾

適宜採收的咖啡果實呈深紅、橘紅或紫紅色，稱作咖啡櫻桃（Coffee Cherry），在雲南則稱之為紅鮮果或鮮果。新鮮的咖啡果實用手指一捏，就能使被果膠包覆的咖啡豆剝離而出。

常見的咖啡果實採摘法，有人工採摘、機械採摘、搖落法和搓枝法等四種。後兩種方法因過於粗暴，甚至可能傷害咖啡樹，所以越來越少被採用。人工採摘通常要求隨熟隨採，分批採收，從裡向外單果採摘，不得將枝條、葉片、花芽和果穗一併摘下，採下的咖啡果實也要集中安置在遮蔭處。機械採摘則比人工採摘粗糙得多，果實品質也良莠不齊，加上大型採收機只適合在平原地區使用，不適用於坡度陡峭的山地，然而優秀的阿拉比卡種咖啡通常生長在高海拔山區的坡地上。這些都是人工採摘優於機械採收的原因。品茗者經常會討論「手採」或「機採」，也是同樣的道理。

雖然人工採收之品質較高，但不僅成本高昂，也是一項非常艱辛的工作。據說一名熟練的咖啡採收員需連續工作 1 週，再經過初級加工所獲得的咖啡生豆才能裝滿 1 個標準大小的麻布袋（60 ～ 70 kg）。這幾年雲南咖啡產區人力成本暴漲，根據 2012 年行情計算，採摘 1 公斤咖啡果實的人力成本約 5 元，對於咖啡果園來說，採收期的勞力成本費用可能高達全年總成本的一半。

有些咖啡果園因為咖啡市場不景氣，任由咖啡果掛在樹枝上乾枯萎縮，令人心痛。因此長遠來看，如果不考慮山區地形複雜和小農經濟發展等，使用採收機器來代替人力還是較為可行的。正因如此，巴西等平原面積廣闊的咖啡種植地區，正在大刀闊斧改革，希望能盡快以機器代替人工採收。

為了確保品質並避免二次污染，採摘下來的咖啡果應盡量在當天完成去皮等加工程序（溫度較低的地區可以放至第二天一早再加工），我們稱之為咖啡加工（Coffee Processing）。在進行加工之前，為了使咖啡果實保持新鮮，我們可以將之放置於陰涼處並撒上清水，甚至暫時倒入清水池中浸泡。

咖啡的加工

「來自咖啡的香氣，從來都是浪漫的象徵，香氣付出的塵封裡，開啟的永遠是動人戀情……多年以後，我輕輕地走來，在咖啡的芬香裡，尋找那溫溫的眼波，和那喃喃私語……」

—— 鐘敏《咖啡情侶》

咖啡果實的加工主要分為日曬法（Dry Processing）和水洗法（Wet Processing）兩種，主要目的是取得帶殼豆，或稱羊皮紙咖啡豆（Parchment Coffee Bean）。其中水洗法始於 18 世紀中期，花費成本較高，但成品口感較柔順細緻，因此價格也會高一點。

☕ 水洗處理法

水洗法又叫濕式加工法，採收後的咖啡果實主要經過浮選、去皮、發酵、洗豆、乾燥、脫殼、分級、包裝等程序。

第一步：浮選。浮選會在蓄水槽中完成。成熟的果實比較重會沉在水底，此時即可將浮在水面上的枝葉、垃圾、乾果、病果等去除。有時還會以不同孔徑大小的特製篩子將咖啡果按照大小分開，以便調整下一步去皮機的間隙。

第二步：去皮。指的是利用去皮機將外果皮、果肉等去除，以利於接下來去除內果皮表面的果膠。小型的工作室不會進行浮選程序，因此病果、未熟果或過熟果（統稱為浮果）到這一步時，會因為顆粒直徑較小而在去皮時直接通過去皮機，並進入後面的發酵和晾曬環節，成為咖啡口感拙劣的元凶。

第三步：發酵。發酵是一個能影響咖啡豆風味與口感的重要環節，需要利用發酵槽完成，多以操作者的經驗判斷，用以去除內果皮表面附著的果膠黏液。具體又分為乾式發酵和濕式發酵兩種，但原理都是利用生物分解作用，使果膠從堅韌而難以剝離的質地轉為可溶解清洗，所需時間為 12 ～ 36 小時。此步驟對於咖啡的品質口感關係重大，必須徹底去除果膠物質，並避免過程中染

即將進入加工程序的新鮮咖啡果實

去皮機	等待加工的新鮮果實	發酵槽	用於生產精品咖啡的發酵箱

上怪味，否則可能會因為一顆老鼠屎而壞了一鍋粥。

　　第四步：**洗豆**。洗豆是為了使帶殼豆表面乾淨清潔、不黏手，這一道程序需要在發酵後迅速在洗豆池中進行。有時在洗豆之後還需將洗滌後的帶殼豆置於清水中浸泡幾個小時。

　　第五步：**乾燥**。完成洗豆和浸泡的帶殼豆含水量往往超過 50 %，因此需要透過此程序將表面烘乾，並使水分含量降至 11% ～ 13%。乾燥咖啡豆最好的方法是利用太陽光進行日光乾燥，我們經常看到的擺滿咖啡豆的曬豆場或離地棚架就是在進行此項工作。但晾曬並不如我們所想的那麼簡單，需要經常翻攪，使咖啡豆表面色澤一致，且要注意避免二次發酵，以免產生不好的口感。如果天公不作美，則要在室內使用乾燥機將咖啡豆烘乾。根據我的經驗，單純以機器乾燥很難獲得最佳的口感，即便機器乾燥的咖啡豆也需要適度的日曬。此外，也有半水洗與半日曬（蜜處理）等處理方式。

　　第六步：**脫殼**。帶殼豆在販售前，還需要進行脫殼處理。先使用脫殼機去除殘留的內果皮（果膠），脫殼後的再用拋光機進行表面拋光處理，以去除雜物和銀皮。要注意的是，乾燥好的咖啡

晾曬	離地棚架	脫殼	篩網

豆如果沒有馬上販售，不脫殼直接儲存會更易於維持品質。

第七步：分級。目前很多的脫殼拋光機還帶有基本的生豆篩選功能，能將咖啡豆進行分級處理。此外，還可以使用以風力、振動式、比重等不同原理的分級專用機器進行分級程序。

第八步：包裝。經過分級的生豆已成為商品，接下來就要使用牢固、乾燥、無異味的麻布袋進行包裝、儲存和運輸，期間需注意避光、通風、防霉、防蟲等四個重點。

包裝與儲存

☕ 日曬處理法

接下來，簡單介紹一下日曬法。除了第一步的浮選和水洗法相同外，接下來的處理流程為：日光下攤曬→去皮→去雜質→分級→包裝。首先，將採收下來的新鮮果實攤在曬豆場或離地棚架上晾曬，約需 1～2 週時間。接著，將含水量降至 10%～12% 的咖啡果以脫殼機直接脫去果皮、果肉與羊皮層，並挑去雜質，再使用電子選豆機等設備進行分級。最後即可進行包裝、儲存和運輸。日曬法作業過程簡單、成本低、操作便利又不需使用過多水資源，但也更加依賴工人的經驗與技術，尤其是在判斷乾燥程度時。

日曬法和水洗法的咖啡豆很好區分。由於水洗法的咖啡豆含水量略高，外觀往往帶有較深的綠色（蔭乾豆除外）；其次，以水洗法處理的咖啡豆，其石頭、木塊、枝幹等異物混雜的比例會大幅降低，且咖啡豆色澤較均勻一致。再者，水洗法加工的咖啡豆表面銀皮去除得較徹底，豆子看上去更加光澤瑩潤，而日曬法的咖啡豆表面則較乾澀。最後，如果對兩種咖啡豆進行烘焙，日曬法咖啡豆會剝離出較多銀皮，而水洗法咖啡豆則少得多。因此當我們看咖啡熟豆的中央線時，如果保留了不少白色銀皮，則有比較大的機率是水洗處理的咖啡豆。

除了水洗與日曬外，蘇門答臘式濕剝處理法（去除種殼後直接晾曬，又叫半水洗處理法）與蜜處理（晾曬時保留果膠，又叫半日曬處理法）也很常見，這裡不加贅述。

咖啡豆的加工處理法是容易被忽視的環節，然而它們對於咖啡的口感與風味卻有莫大的影響。我甚至認為其重要性絕不亞於咖啡樹的品種、種植以及烘焙。此外，有些消費者偏好小農所產的咖啡，甚至貼上「環保有機」、「獨家

特色」、「個性風味」等標籤,但事實上,越是小農生產,不僅成本控制越可能凌駕在品質控管之上、化肥的施放較無規範,採收與加工處理等環節也可能越簡陋,咖啡豆被污染的機率也越高,更遑論杯測等技術檢測。

詳解咖啡生豆

「初識咖啡便被它深深地誘惑了,義無反顧地『失身』於它……一步一步地讓那個被中世紀歐洲的主教和君主們稱為『魔鬼』的褐色精靈引誘著,迷惑著,再也無法自拔。」

—— 作家李衛

從帶殼豆到咖啡生豆

帶殼豆(羊皮紙咖啡豆)是指包含種殼的完整咖啡果實,因最能維持品質,所以在水洗法盛行的咖啡產地是最主要的儲存形式。事實上,咖啡豆從生產到銷售,是一邊生產一邊儲存,再一邊進行銷售的並行過程。咖啡業者不可能保證所有庫存的咖啡豆都能在數月或更短時間內售罄,如果銷售狀況不好,囤貨到第二年再出售的情況也很常見。

帶殼豆也有一些簡單的評級標準,

如果聞起來氣味清新無異味,外觀色澤白亮或為淡黃白色,清脆飽滿呈半球形,沒有或略帶果皮等異物,則等級較高。

直到販售或出口時,約為咖啡果五分之一重的咖啡生豆(Green Coffee Bean)才會「閃亮登場」。可以說咖啡生豆不僅是咖啡最重要的一種商品形態,也是大部分咖啡愛好者與消費者了解咖啡的起點。我們可以分別從三個角度來探討咖啡生豆。

首先,咖啡生豆的取得是一項異常艱辛的工作。如果以平均年產量來看,一棵阿拉比卡咖啡樹每年收穫的咖啡豆也只有 1 ～ 2 kg,因此隨意浪費豆子就是糟蹋一整株咖啡樹的結晶。咖啡生豆雖然小,但數量龐大,通常會以乾燥的粗纖維麻布袋裝束,以 30、45、60、70 甚至 90 kg 為單位進行儲存或販賣(60、70 kg 最為常見)。2010 年,全

世界的咖啡豆消費量達到創紀錄的 1.35
億袋（60 kg ／袋），咖啡也成為世界
上最重要的貿易商品之一。

　　第二，咖啡生豆質地堅硬，只要在
避光、乾燥、通風、恆溫的適當環境下
儲存，都能有較長的保存期限。一旦經
過烘焙，生豆經過一系列的物理及化學
變化後，想要保存就非常困難了。

　　第三，雖無通用的國際標準來對咖
啡生豆的等級品質進行統一評價，但幾
乎每個咖啡生產國都制定了專屬的評定
標準。除了可以用前面提過的產區、加
工方法、咖啡樹品種來分類外，海拔高
度、豆體大小和均勻度，以及瑕疵豆的
比例（或扣分法）是三大分級標準。雖
然各國都想要建構出評量口感、風味等
更主觀的分級體系，並推出完備的杯測
流程，但想要統一世上所有人的嘴巴，
並沒有那麼容易。

☕ 咖啡豆的性別

　　如果上網搜尋一番，會看到一些關

於咖啡豆性別的文章，甚至有公豆風味
優於母豆等說法。其實，作為雌雄合體、
自花授粉的植物，咖啡樹的種子並無公
母之分。一顆正常的新鮮果實中，球形
的咖啡種子是由兩粒咖啡豆組成，平面
朝內相對，弧面朝外，這種常見的咖啡
豆即為平豆（Flat Berry），也就是所謂
「母豆」。有時則會有一顆、三顆甚至
四顆豆子的情形。這邊著重介紹只有一
顆豆子的情況。

　　如果咖啡果內部的兩粒種子因故沒
有分裂，在加工處理後呈一粒完整的橢
圓體咖啡豆，我們稱之為圓豆（Peaberry
或 Caracoli），即所謂「公豆」。

　　不少咖啡愛好者熱衷於圓豆，而
在實際咖啡豆貿易中，圓豆的價格確實
要比同產區的平豆略貴一籌。那麼，什
麼情況下會導致圓豆的產生呢？第一，
生長在咖啡樹枝最尖端的咖啡果，可能
會孕育出圓豆。第二，久旱不雨、營養
不良、開花過早或過晚，可能導致咖啡
果內部發育不全，為了生存，一顆豆子
「吃」掉了另一顆豆子而孕育出圓豆。

圓豆

扁豆

第三，咖啡果成長過程因病蟲害導致內部發育不全，而孕育出圓豆。

如果請教咖啡種植者，他可能會告訴你：第三種情況的圓豆，是外界極端條件影響下的產物，品質與風味並無多大優勢。但若是前兩種情況，尤其是第一種情況則另當別論，因為此種圓豆生長在咖啡樹末梢，接受更充分的光照和熱量，且能獨享營養，風味與同一棵樹生長的平豆相比自然更出色些。

如果請教咖啡豆零售商，他可能會告訴你：圓豆與平豆混合在一起，容易影響視覺美觀，所以圓豆與平豆要分開販售。

咖啡烘焙師則會告訴你：圓豆與平豆混合烘焙時，由於厚度、含水量和導熱度等方面都有所不同，烘焙效果非常差，對於最終的熟豆品質有很大的影響，所以將圓豆與平豆分開烘焙較為理想。此外，圓豆的外形特徵比起平豆更易翻滾，所以對於提高烘焙均勻度大有好處。

除了上述因素外，還有一個使圓豆更受歡迎的理由，那就是人們特別喜歡圓豆，於是對於圓豆會更加細心採收、認真加工、用心揀選、專心製作，口感當然也就更勝一籌了。

☕ 新豆與老豆

咖啡生豆分新豆與老豆，該年生產的咖啡豆為新豆（New Crop），較易喝到活躍的花香、果酸和回甘；一年甚至數年前生產的咖啡豆則稱作老豆（Old Crop），沒有了鮮味，往往是沉悶的木質雜味。還有一種是陳年豆（Aged Beans），是特別將帶殼豆精心存放數年以創造不同風味的咖啡豆，其風味與老豆不同，我曾喝過存放六年以上的牙買加藍山，風味極佳。

新豆富含水分，尤其是經過水洗法處理的新豆，含水量通常在 10 ～ 13%，往往呈更加深濃的青綠色，表面有光澤，重量也更有分量些。

老豆則歷經長時間的洗禮，含水量通常在 10 ～ 11%，有些甚至可能下降至不到 9%，外觀的青綠消退不少，表面較為乾澀並呈淺黃色。由於含水量較少，重量也輕了不少。

大部分情況下，消費者會更傾向飲用風味和香氣都較好的新豆，精品咖啡的生豆往往還會散發出青草、水果以及

新豆與老豆

甘蔗的清甜香氣。

　　盡可能使咖啡豆保持新鮮，是咖啡生產者的首要課題。鉑瀾咖啡學院儲存生豆的控制條件如下：溫度 15 ～ 25℃，相對濕度 50 ～ 70％。當然，我們也看過追求老豆風味的個案，且對於入門的烘焙師而言，含水量低的咖啡豆導熱性更佳，烘焙的火候也更容易掌

控。但高品質的老豆需帶殼儲存，以免風味流失，這需要很高的保存技術，並不容易做到。

　　最後，如果你手上有成熟度不夠的劣質咖啡豆，立刻烘焙品嚐怕會是一場災難，丟掉又捨不得，那麼不如將其陳放馴化幾年再烘焙使用，口感或許會略有改善。

手選的方法與意義

「喝咖啡是一種滿足，一種恬靜，一種安適。」

—— 《愛上咖啡》

　　手選（Handpicking）是一項意義非凡的工作，不僅能夠去除各種風味不好的瑕疵豆（瑕疵豆中香氣的前驅物質已遭氧化，蛋白質、蔗糖、脂肪、有機酸等含量皆明顯下降）、大幅提高咖啡品質，還能透過挑出的瑕疵豆來探討種植、採收、加工等環節的影響。

瑕疵豆具強大破壞性

　　任何採摘、加工、儲存、運輸等程序上的疏漏，都可能使咖啡豆混入雜質和瑕疵豆，其中雜質包括石頭、泥土、金屬片、木屑、樹枝等，瑕疵豆則包含所有未符健康成熟標準的咖啡豆。雜質

不僅會影響品嚐，還會損害機器設備，我就曾有台好幾萬元的研磨機因混在咖啡豆中的小碎石而毀損，教人心疼不已。瑕疵豆則會嚴重破壞飲品的口感，所以務必要剔除乾淨。

咖啡工人正在手選咖啡豆

精品咖啡界名聲頗高的國際咖啡品質鑑定師（CQI Q-Grader）認證考核中，咖啡生豆的手選分級便是核心項目之一，不難發現即使是精品級咖啡也會含有少量的瑕疵豆。因此對於精品咖啡業者來說，手選咖啡豆是有其必要的。

作為一般的咖啡消費者，我們需要採取人工手選的方式將雜質和瑕疵豆逐一挑除，讓咖啡飲品得以呈現最好的風味。無數的咖啡烘焙及杯測實驗都在在證明，瑕疵豆是促使咖啡風味和口感「失真」的最大敗筆。哪怕只有一兩顆瑕疵豆，其破壞性都是再高明的烘焙技術也難以彌補和掩蓋的。

☕ 手選的七大步驟

對於要求嚴格的咖啡愛好者而言，想要獲得優質的咖啡豆，就必須經過「手選→烘焙→再手選」的流程。以下即簡單分析咖啡生豆的手選步驟：

步驟一，假設咖啡生豆已過篩處理，顆粒大小大致相同。取約 300 g 適量咖啡生豆，放置在手選平盤裡。白色或淺色且無反光的背景較有利於審視每一顆豆子。

步驟二，先將豆子集中堆在托盤中央，再將托盤前後左右輕輕晃動，使咖啡豆均勻攤開在托盤上。

步驟三，用鋼尺或手指在攤平的咖啡豆上劃十字，分成四個等大的區域。

步驟四，以逆時針方向，從右上角的第一象限開始至第四象限，分區檢查每一顆咖啡豆，將異物挑揀出來。

步驟五，以逆時針方向，從右上角的第一象限開始至第四象限，檢查每一顆咖啡豆。必要時還需將咖啡豆拿起來觀察，挑出所有瑕疵豆。有些專家還會以「先看顏色、後看色澤、再看形狀」的方式進行手選。

步驟六，手選完畢的咖啡生豆進入烘焙程序，烘焙結束後，再將豆子倒在托盤上，重複第一到第五步驟進行分區手選。有些瑕疵豆在生豆階段的特徵並不明顯，經過加熱烘焙與色澤變化後才會顯現出來，因此烘焙後有必要再進行一次手選。

步驟七，手選結束，妥善儲存手選後的咖啡熟豆。根據我的經驗，手選不僅適用於追求絕佳口感的精品咖啡狂熱者，對於一般的消費者和小型咖啡店也

圖 1-4 依序為手選方法步驟二到五

具有很大的意義——只要花一點時間對咖啡豆進行手選，挑出少量的咖啡豆不用（通常少於 10%），就能使口感大躍進，何樂而不為？

以海拔高度論咖啡

「咖啡就像我的父親和母親，那樣溫暖，那樣偉大。」

—— 哥倫比亞咖啡產區的居民

常聽到「高山出好茶」的說法，應該也會有不少人認同「高山出好咖啡」這句話。事實上，很多低海拔地區也都能產出高品質的咖啡。在氣溫、降雨量、地形和土壤皆符合咖啡生長條件的環境下，咖啡樹特別喜歡易起霧且畫夜溫差大的氣候，因此即便是海拔高度不夠的地區，如果具備這兩個氣候特徵，也有可能產出優質的咖啡。而高海拔地區也正是因為具備這些條件，才能夠產出品質優異的咖啡。

海拔高，好處多

理由一，高山地區普遍多霧，部分陽光會受霧珠影響而得到增強，進而加強光合作用的效應。

理由二，高山地區林木茂盛，可產生遮蔭的作用。咖啡樹接受光照的時間短且強度下降，漫射光多，有利於咖啡果實中營養物質的積累。

理由三，高山地區年均溫低，咖啡果實的熟成期長，營養物質的積累也較為充分。就像一年一季稻，自然會比一年三季甚至四季稻好吃得多。

理由四，高山地區年均溫低，咖啡豆堅硬且膨脹性好。質地堅硬的咖啡豆適合儲存，較能維持品質；膨脹性好的

豆子則較好烘焙。

　　理由五，高山地區畫夜溫差大，讓咖啡樹有充分的休眠時間，能夠轉化能量並儲存營養物質。

　　理由六，咖啡中的胺基酸和其他芳香物含量會隨著海拔升高、平均氣溫降低而增加。所以高山地區出產的咖啡豆通常香氣濃郁、滋味醇厚。

☕ 以海拔高度分級

　　咖啡生產國喜歡依海拔高度來評價咖啡豆的品質，尤其中美洲咖啡產區雲集，一座巍峨的安地斯山脈從大陸縱貫直下，使咖啡生產國建立以海拔高度作為分級指標的評估體系。因此對於墨西哥、瓜地馬拉、薩爾瓦多、哥斯大黎加等中美洲國家的咖啡豆，要特別注意按產地海拔分級的標示。

　　舉例來說，墨西哥的咖啡豆以海拔 1700 m 以上的品質最好，標為 SHG，意指 Strictly High Grown，即為特優級咖啡豆。薩爾瓦多、洪都拉斯的咖啡豆則是以海拔 1200 m 以上的咖啡豆品質最高，同樣以 SHG 標示；海拔稍低一階的咖啡豆則被列為下一級別，簡稱為 HG（High Grown）。而瓜地馬拉以種植在海拔 1350 m 的咖啡豆品質最好，以標為 SHB，意指 Strictly Hard Bean，即為最硬或極硬豆。至於哥斯大黎加的咖啡豆，以海拔 1200 m 以上的品質最好，也標為 SHB。海拔稍低的咖啡豆則以 HB（High Grown）簡稱。

顆粒大小的祕密

「大量濃烈的咖啡使我保持清醒，讓我感覺溫暖，讓我擁有神奇的力量。那是一種愉悅的痛苦，我情願接受這樣的痛苦也不願變得麻木。」

　　　　　　　　　　　　　　── 拿破崙・波拿巴

　　就算是同一批豆子，如果依顆粒大小進行分類，再以同樣的烘焙程度和萃取方式製成飲品，風味和口感上也會有明顯的差異。而顆粒大小差距越大，風味、口感的變化也越大。其中以較大顆的咖啡豆口感較為豐富，滋味也更加醇厚。

　　生產者根據咖啡此一特性，使用不同網目大小的鐵篩網對生豆進行過篩分類，另一個重要的咖啡豆分級指標就此誕生。篩網的尺寸大小以網目直徑 1/64 英吋為標準單位，18 號篩網即表示直徑為 18/64 英吋。因此標號越大，網目則

越大，咖啡豆的等級也越高。

　　有個尚待證實的野史笑話：某個國際知名咖啡品牌表示自己長期使用的都是 16 目以上的咖啡豆，另一與之具有競爭關係的咖啡品牌聽聞後，立刻更改了網站上的介紹文，強調自家使用的是 17 目以上的咖啡豆。

　　大小一致的咖啡豆擺在一起，視覺上較為和諧討喜，也較容易高價賣出。因此，以咖啡豆大小分級的方式也成為另一個國際通行標準。目前已被巴西、哥倫比亞、肯亞、坦尚尼亞、牙買加等咖啡產國廣泛採用。

　　為了讓用來販售的咖啡豆顆粒大小一致，看起來更為美觀，並兼顧烘焙等技術上的便利性，我們通常會採用 A/B 的形式來標示咖啡豆。A、B 分別代表不同網目大小的篩網編號，且 A 小於 B，

表示該批咖啡豆經歷了 A 與 B 兩種篩網的篩選──大於 B 的豆子被攔在其外，小於 A 的豆子也被拋棄，只有恰好居於兩者之間的咖啡豆被留下來。如果 AB 數值相鄰，代表該批次咖啡豆大小很一致；如果 A 與 B 數值相差很大，則代表該批次咖啡豆的顆粒大小較為懸殊，等級也差比較多。

瑕疵豆的辨識

「咖啡促使你快樂卻不沉迷，咖啡誘使你靈魂澎湃，咖啡讓你遠離悲傷、疲憊和衰弱。」

―― 班傑明‧富蘭克林

　　俗話說：「一顆老鼠屎壞了一鍋粥」，哪怕只有一顆瑕疵豆，都可能對一杯甚至一整壺的咖啡產生不容小覷的破壞性。光是一顆瑕疵豆，就足以影響 50 g 的咖啡豆，因此專業的咖啡師通常會建議人們透過「手選」的程序，挑選並剔除瑕疵豆。此外，分辨不同的瑕疵類別，能夠追溯並改正上游生產加工技術，具有重要意義。

　　一般咖啡生產國的生豆評級方法，

是抽取 300 g 咖啡生豆作為樣本，再挑揀出其中的瑕疵豆。以滿分 100 分計算，根據挑選出來的不同性質瑕疵豆進行扣分。但若根據美國精品咖啡協會（SCAA）及國際咖啡品質協會（CQI）的分級標準，則是抽取 350 g 的咖啡生豆作為樣本，再依一級瑕疵（Category 1）與二級瑕疵（Category 2）兩個等級進行評分，藉此作為評估一款咖啡是否為精品級的標準。

 Category 1（一級瑕疵）

一級瑕疵包含六大類，是導致咖啡品質嚴重劣化的主要瑕疵，它們往往是由於種植、採收、加工與儲存等環節出了問題，或是溫度、濕度與時間等控制不當所致。一級瑕疵不僅會導致麴菌、青黴菌附著繁衍，進而引發赭麴毒素等污染問題，還會使咖啡產生發酵、惡臭、泥土、苯酚等不良風味。

一級瑕疵包括：全黑豆（Full Black）、全酸豆（Full Sour）、乾果（Dried Cherry）、發黴豆（Fungus Damaged）、異物（Foreign Matter）和嚴重蟲蛀豆（Severe Insect Damage）。不同的瑕疵豆，皆有其被列為「一個瑕疵單位（full defect）」的對應顆數。上述前五種瑕疵豆，只要在 350 g 的樣本中發現一顆，即算一個單位的一級瑕疵；嚴重蟲蛀豆則是五顆記為一個單位。只要有一個單位瑕疵，該批生豆即喪失列為精品咖啡的資格。

全黑豆	發黴豆	全酸豆
異物	乾果	嚴重蟲蛀豆

Category 2（二級瑕疵）

除了一級瑕疵外，列為二級瑕疵的咖啡豆也會破壞咖啡的風味，只是其破壞性不如一級瑕疵嚴重，但還是會對咖啡豆的外觀品相造成一定影響。因此精品咖啡標準中，對於二級瑕疵的標準較為寬鬆，350 g 樣本中不得超過五個瑕疵單位。其中二級瑕疵包括：半黑豆（Partial Black）、半酸豆（Partial Sour）、帶殼豆（Parchment）、漂浮豆（Floater）、未熟豆（Immature / Unripe）、枯萎豆（Withered）、貝殼豆（Shell）、破碎豆（Broken / Chipped / Cut）、果皮／果殼（Hull / Hust）、輕微蟲蛀豆（Slight Insect Damage）。

二級瑕疵中，針對不同的瑕疵類型，每挑出若干顆才會被看作一個單位瑕疵。舉例來說，輕微蟲蛀豆因屬於較為常見的瑕疵，如果制定過度嚴苛的標準不僅不利於評鑑，還會使種植者信心挫敗，所以每挑出十顆才算是一個單位瑕疵。

由上述分類標準看來，不難發現精品咖啡雖是一門嚴謹的科學，但也同時強調執行作業的可行性，並保障咖啡產業的永續發展。

從藍山咖啡到麝香貓咖啡

「每一個人在自己的人生中都會有這樣或那樣的情結，對於我來說，自然也是不能例外的。然後，在這些不斷出現又逐漸隱去的情結中，有一種情結卻長久地伴隨著我的生活並指導而今，這一長久相隨的情結是咖啡賦予我的，所以，我稱之為咖啡情結。」

—— 作家鐘敏

牙買加藍山咖啡

牙買加（Jamaica）是加勒比海中，面積僅次於古巴和海地的第三大島，原為印第安人的居住地，後來淪為西班牙殖民地，1655 ～ 1962 年則為英國人所佔領。1730 年，英國人將咖啡引入牙買加，今日人人知曉的牙買加藍山咖啡即由此發端。

牙買加的咖啡大致上可分為兩類：種植於該島東部藍山地區的咖啡，以及藍山地區以外所產的咖啡。前者產量約佔 25%，是真正的藍山咖啡；後者產量約佔 75%，只能以牙買加水洗咖啡豆稱之。藍山海拔最高 2256 m，是加勒比海地區的最高峰，更是著名的旅遊勝地。

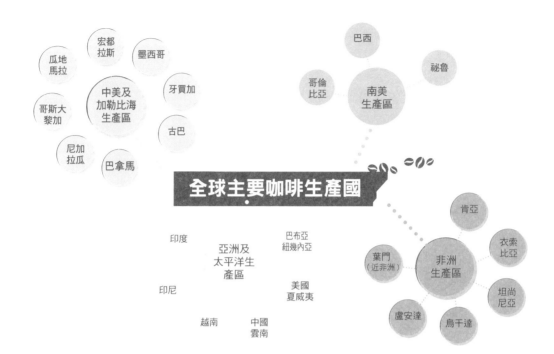

全球主要咖啡生產國

中美及加勒比海生產區
瓜地馬拉 / 宏都拉斯 / 墨西哥 / 牙買加 / 哥斯大黎加 / 古巴 / 尼加拉瓜 / 巴拿馬

南美生產區
巴西 / 祕魯 / 哥倫比亞

非洲生產區
肯亞 / 衣索比亞 / 坦尚尼亞 / 烏干達 / 盧安達 / 葉門（近非洲）

亞洲及太平洋生產區
印度 / 巴布亞紐幾內亞 / 印尼 / 美國夏威夷 / 越南 / 中國雲南

牙買加咖啡豆分級表

等級	海拔高度	篩網（96% of beans）	300 g 樣品中瑕疵豆比例	補充說明
Blue Mountain NO.1		S-17/18	≤2%	
Blue Mountain NO.2		S-16/17	≤2%	
Blue Mountain NO.3		S-15/16	≤2%	
Blue Mountain P.B 圓豆（Blue Mountain Peaberry）	>1000 m	S-10MS	≤2%	96% of beans must be peaberry.
Blue Mountain Triage 藍山混合		S-15/18	≤4%	Contains bean sizes from all previous classifications.
Jamaica High Mountain 高山	500~1000 m	S-17/18	≤2%	
Jamaica Prime 牙買加優質	<500 m	S-16/18	≤2%	
Jamaica Select 牙買加精選		S-15/18	≤4%	

此處不僅絕少污染、氣候濕潤、終年多霧多雨，更擁有肥沃的火山土壤，恰好是孕育品質卓越的咖啡所需的條件。

牙買加咖啡工業局對該國出產的咖啡進行嚴格的品質管控，對藍山咖啡的管控尤其嚴謹。作為一款高品質的阿拉比卡種加勒比咖啡豆，牙買加藍山咖啡有很好的均衡感，明媚而柔和的果酸與精緻均勻的堅果香甜相得益彰。如果覺得品嚐起來稍缺乏醇厚度，請啜飲一口後閉眼品味，將會發現其香甜餘味如甘露般縈繞舌尖且久久不散。難怪有人將其稱作「老男人咖啡」——初識時人們只看到其年齡和滄桑感，並不特別出色，深入瞭解後卻驚喜連連，其內涵之雋永，閱歷之深厚，令人回味無窮。

牙買加藍山咖啡產量不高，名氣卻很大，在各國大大小小咖啡店裡經常能看見其蹤影。且不論其中有多少掛羊頭賣狗肉或以次級品充數的商人，牙買加藍山咖啡卓越的品質與口碑，已使之成為全球知名的高品質咖啡之一。

然而，並非人人都喜歡牙買加藍山。重口味或吸菸者較易對餘韻與平衡感等有味覺遲鈍的現象，往往會覺得藍山太過清淡，而同屬海島型咖啡的夏威夷科納在醇度、甜度、酸度等方面則較為強烈。

麝香貓咖啡

咖啡世界裡經常有些驚喜和噱頭，雖然並非主流，但我們應該懷著寬容的心態來看待。比如利用動物來完成加工流程的「特種咖啡豆」，其中以麝香貓咖啡、猴屎咖啡、鳥屎咖啡和象屎咖啡等較為常見，不排斥者可以偶爾飲之，深入研究恐怕就要成為動物學家了。

麝香貓咖啡，又名貓屎咖啡（Kopi Luwak），原產於印尼。Kopi 指的是咖啡，Luwak 則是一種俗稱麝香貓的樹棲野生動物。麝香貓是晝伏夜出的熱帶雜食動物，喜歡出沒在咖啡園裡，「偷取」最成熟的咖啡果，剝去外皮後吞下肚，吸吮那層極少卻甜美的果肉。由於咖啡豆質地堅硬，進入腸道後無法被消化，便隨著糞便被排泄而出。

雲南保山的果子狸咖啡

物，由於其雜食屬性，吃鳥、蟲之餘偶爾也會吃點咖啡果換換口味，沒想到換來意想不到的結果，反而成為昂貴咖啡豆的「加工廠」。麝香貓咖啡也就此與「果子狸咖啡」劃上了等號。

以中國雲南為例，有些人專門撿拾樹木周邊的野生果子狸糞便，以獲取果子狸咖啡。因其數量稀少，價格極為昂貴，更有些人會捕捉野生果子狸並進行飼養，以餵食咖啡果的方式人工生產果子狸咖啡。果子狸是雜食性動物，餵養咖啡果同時，也要餵食其他水果甚至雞肉，飼養成本高，且費時費力，因此果子狸咖啡的產量也非常有限。

拋開道德、法律方面的疑慮，噱頭高過實質的果子狸咖啡，其風味見仁見智。很多人會強調咖啡豆在果子狸腸道中的微發酵過程，能為咖啡增加額外的風味和醇厚感，可以看成某種特殊的加工法。在我看來，聰明的果子狸專挑最成熟甜美的咖啡果吃，確實達到了「精選」作用，同時也或多或少增加了咖啡的甜度與甘醇度。

一開始咖啡農民心疼作物被糟蹋，大肆撲殺麝香貓之餘，將包覆糞便的咖啡豆取回，沖洗乾淨後再對外販售。不知何時開始，麝香貓咖啡的商機逐漸被發掘，並有《國家地理雜誌》及其他媒體進行特別報導。於是麝香貓咖啡開始流行，並一舉成為當今世界上最貴的咖啡之一。那些白白幹活而無報酬的小動物們哪裡知道，它們的排泄物竟會成為世界上最昂貴的糞便。

我多年前曾在香港喝過麝香貓咖啡，後來也陸續喝過印尼、越南以及雲南的麝香貓咖啡。事實上麝香貓數量極為稀少，對咖啡果也沒有多大的興趣，真正貢獻麝香貓咖啡的頭號功臣應該是果子狸，Kopi Luwak 應該稱為 Kopi Musang 比較正確。這種肉食性貓科動

解讀精品咖啡

「只要有正確的咖啡觀念，不難煮出夠水準的咖啡。」

—— 臺灣作家蘇彥彰

　　精品咖啡（Specialty Coffee），也叫精緻咖啡，最早由美國努森女士（Erna Knustsen）於 1974 年在《茶與咖啡月刊》上提出，直到 1980 年代中後期才日漸發展起來。

　　1982、1987 和 1998 年，分別有美國精品咖啡協會（SCAA，Specialty Coffee Association of America）、日本精品咖啡協會（SCAJ，Specialty Coffee Association of Japan）和歐洲精品咖啡協會（SCAE，Specialty Coffee Association of Europe）的成立，對精品咖啡的發展有很關鍵的影響。雖然精品咖啡運動尚未經過長時間的發展，卻儼然成為當今咖啡界最受關注的熱門話題。不妨從以下四個角度簡單認識精品咖啡。

四個面向看精品咖啡

　　第一，精品咖啡此一概念的誕生，最初是為了與紐約咖啡期貨交易市場的大宗商用咖啡作區別（一般市場上流通消費的普通咖啡，都被稱作商用咖啡）。這是對咖啡的全新闡釋，是咖啡世界中消費者勢力崛起的象徵，也是對咖啡生產國所制定之簡單、粗暴且缺乏技術的分級規則提出的挑戰。精品咖啡擁護者鄭重宣布：咖啡的最終風味與口感，才是花錢喝咖啡的消費者真正關心的重點。當然，也正是因為我們如此看重精品咖啡，整個體系的建立與發展才有其延續的可能。全世界的咖啡人都正在共同探索，沒有誰能主導話語權，好戲才剛剛開始！

　　第二，精品咖啡的概念，是充分借鏡葡萄酒等飲品品鑑理論後的產物，著重在品種、水土、氣候、種植等生產條件與飲品品質之間的密切關係，並透過杯測來驗證。我從事咖啡業，同時也是一名葡萄酒愛好者，因此不難從中應證——葡萄酒愛好者時常討論某個產區的土壤特性與氣候環境，或者某釀酒葡萄品種的特性、某莊園的葡萄藤年齡等等。而精品咖啡此一概念的誕生，也讓咖啡愛好者嘴邊掛滿了這類與氣候、土壤、品種有關的詞彙，更由此衍生出一個重要的詞彙：Terroir。

　　「Terroir」源於法語，可以譯作「人文風土」，指的是葡萄藤或咖啡樹等作物所依賴的、結合人文習俗與土壤、氣

候等自然環境的生長條件之統稱。仔細觀察精品咖啡的產品描述，不難發現其中充斥許多咖啡園的詳盡圖文介紹，因為只有這些精品咖啡豆才能將各產區的特色表達得淋漓盡致，甚至連知名連鎖咖啡業也在大談咖啡產地之美。

第三，精品咖啡的概念雖然以「透過品種、氣候、水土、種植等生產條件交互作用，以獲取良好品質的咖啡豆」為核心，但並不僅止於此。它也明確指出，想要獲得一杯完美的咖啡還需要一套完整的系統—— 採收後的加工、手選、烘焙、研磨、萃取等環節，皆與生產環境同等重要，這也意味著在精品咖啡的世界裡，產業鏈上下游是必須徹底整合的。

烘焙、萃取與品種都是必須關切

的重點，因此「好豆子、好烘焙、好萃取」是構成精品咖啡的三大要素。在此也必須提及一個相關的英文詞彙「Traceability」，它強調的是咖啡從品種選擇開始，到後續整個生產過程的「可追溯性」，也可以將它看成是有清楚的品種、種植、加工等生產履歷的咖啡。

最後，精品咖啡的概念也是商人出於利益考量而精心設計的產物，也因而有今天所看到的各種關於精品咖啡的昂貴培訓課程與認證檢定，以及相關協會、商業組織、咖啡大賽、杯測競賽、咖啡豆拍賣會等。只要以健康心態看待，精品咖啡不僅可以提升我們的品鑑水準，對提高咖啡品質有重大意義，對咖啡產區的農民而言也是一種莫大的激勵。另一方面，為了實踐公平競爭的原則，咖啡豆之收購價格保證公道，這對改善農民生活條件也有很大的意義。

Cup Of Excellence

Cup Of Excellence，簡稱 COE，中文譯作「卓越杯」，是近幾年在咖啡界十分火紅的精品咖啡評價制度，可以看作是精品咖啡的冠軍選拔。

COE 評價制度最早於 1999 年由巴西幾個咖啡生產組織制定並實施，目的是讓收入低、勞動辛苦的咖啡農民能獲得更多認可。隨後其影響力日益提高，

如今薩爾瓦多、哥倫比亞、瓜地馬拉、尼加拉瓜、玻利維亞、巴拿馬、哥斯大黎加、洪都拉斯、盧安達等咖啡生產國均廣泛採用並從中受益。COE 目前由一個與 SCAA 關係密切的美國非營利機構 ACE（Alliance for Coffee Excellence）負責管理與運作。

COE 的精品咖啡評比大會每年舉辦一次，以公平、專業、嚴格為基本原則。專業評審分為國家評審團和國際評審團，透過三個測驗階段（第一階段主要透過目測進行前置篩選）與至少五輪不同的杯測評價（前十名需再加賽一場），不斷進行篩選。專業評審將參賽的精品咖啡按得分排序後，勝出者將被冠以 COE 的稱號。

對於獲得高分的精品咖啡生產者來說，咖啡豆身價暴漲，收益隨之增加，莊園的知名度也大幅提升。對於追求高品質咖啡的消費者來說，價格始終不是問題——能夠喝到有品質保證的好咖啡，貴一些又何妨？因為對於生產者與消費者都大有好處，精品咖啡的評比大會有逐年升溫、越趨普及的態勢。

在 COE 聲勢高漲之下，我們不妨換個角度來思考。現代人容易出於炫耀或送禮等需求，而一窩蜂吹捧、炒作某樣東西，使得某樣商品的價格被拉抬到離譜的境界。飲品中從法國拉菲紅酒到普洱茶、正山小種紅茶，皆屬此類。若是為了追求卓越咖啡而存在的 COE 也被拿來蓄意炒作，絕非你我所樂見。

COE 以外還有一項咖啡競賽，那就是 SCAA 所舉辦的年度最佳咖啡比賽（Coffees of the Year, COTY）。COTY 歷時雖短，卻已是目前規模較大且無地域限制的世界性咖啡生豆評比大賽，優勝者可獲得「最佳產地」的殊榮，如果得分超過80分，便能稱作「精品咖啡」。

4C 咖啡認證與公平貿易咖啡

「咖啡是普通人的黃金，為每個人帶來奢華高貴的享受。」

—— Sheik Abd-al-kadir

4C 咖啡認證

The Common Code for the Coffee Community，簡稱 4C，是 2003 年由德國經濟合作與發展部（BMZ）等機構所發起的國際咖啡認證協會，主要由咖啡種植、貿易、加工等上游產業參與。4C 以「為了更美好的咖啡世界（For a better coffee world）」為口號，旨在促進咖啡產業的永續發展，訂立一套完整可行的國際標準。

4C 咖啡認證有兩大特點。第一，立意高遠宏大，能夠縱覽整個咖啡領域，主要涉及社會（Society）、環境（Environment）和經濟（Economy）等三大環節。咖啡作為僅次於石油的龐大經濟產業，直接關係到幾千萬地球人的生存發展，並間接影響十幾億人的生活，當然也與社會、政治、經濟、文化、環境等密不可分，因此這個要求嚴格的認證體系確實有其存在必要。

第二，確切可行。為了能夠準確落實，4C 訂立了實施標準（The 4C Code of Conduct），將目標逐一細分為十項禁止行為和二十八條基本原則，每一條都明確簡潔，便於量化評估與精確執行。

作為國際社會及環境認證及標章聯盟（ISEAL）的成員之一，4C 咖啡認證是一個非營利的體系，現已發展成頗具影響力的國際咖啡認證機構，是未來咖啡業的重要標準之一。

公平貿易咖啡

時常聽到有機米、巧克力等農作物，以天價販售給消費者，農民實際上卻只收到極低工資的新聞。事實上，這個普遍存在於農產品的現象，也同樣發生在咖啡領域。全世界有不少落後的咖啡產區種植農，雖然種出品質卓越的咖啡，在輸出國賣價驚人，卻只能忍受低價收購的殘酷剝削。辛苦一輩子，卻仍苦於生存問題，子女教育、醫療保健等皆無法得到保障。

1973 年，第一批公平貿易咖啡（Fair Trade Coffee）從瓜地馬拉進口到了歐洲，可看成是公平貿易意識的萌芽。公平貿易認證（Fairtrade 或 Fair Trade Certified™）正式興起於 1980 年代，是一個尊重勞動者人權、環保以及發展中國家之生產者利益的產品認證體系。

1988 年，第一個公平貿易標籤提倡議題發起於歐洲，呼籲支持墨西哥的咖啡農，以高於市場收購價的價格，向弱勢咖啡農收購咖啡——前提是這些咖啡農須符合約定的社會與環保標準。這項創舉終於使公平貿易咖啡進入了終端消費環節，讓農民得到實際的利益。

公平貿易運動發展至今，已有相當龐大的規模，其中包含咖啡在內的幾十種農產品。光是 2010 年，歐洲消費者就購買了超過 44 億歐元的公平貿易產品，數量與 2009 年相比增長了 27%。

雲南咖啡豆正在晾曬中

雖然想靠公平貿易咖啡解決貧富懸殊問題儼然是杯水車薪，且公平貿易的認證權由誰掌握、定價體系如何透明與科學化等問題也難以從根本解決，但公平貿易咖啡確實處於迅速發展壯大的階段。

不僅星巴克等歐美咖啡企業，目前各國也有越來越多咖啡館關注公平貿易的議題，並透過購買與銷售公平貿易咖啡來回饋社會。對很多先進國家的消費者而言，喝公平貿易（Fair Trade）咖啡、穿戴非血汗工廠（Sweatshop-free）製造的服裝，已成為一種帶有自我道德約束的生活方式，也可以說是將慈善行為融入日常的消費習慣中。

即溶咖啡與低咖啡因咖啡

「1789 年到 1921 年間，僅在美國專利局登記的咖啡工具就有 800 多項，還不含 185 項研磨工具和 312 項烘焙工具，以及其他 175 項和咖啡有關的各式各樣的發明。」

—— Edward Bramah《Tea & coffee》

我平常進行咖啡教學時，時常碰到學員提出「即溶咖啡是什麼？」「低咖啡因咖啡又是什麼？」等問題，下面即針對這兩個問題一併簡單介紹。

何謂即溶咖啡

雖然在外觀上，即溶咖啡粉與咖啡豆研磨成的咖啡粉有幾分相似，但即沖即飲且無咖啡渣殘留的即溶咖啡粉，其實只是以固態呈現的咖啡可溶物，兩者具有本質上的差別。

即溶咖啡在 1901 年被美國科學家發明，並使用在不久後的第一次世界大戰戰場上。如何讓歐洲戰場上的美國大兵能及時喝到咖啡，成為當時美國國防

部需要考慮的大事之一。果然，即溶咖啡獲得了士兵的好評，這項新產品也由此確立了地位。二戰期間，歐洲戰場上的美軍士兵更成了即溶咖啡最好的推銷員，戰後即溶咖啡開始行銷全世界也與此密切相關，因此也可以說即溶咖啡是戰爭下的產物。

即溶咖啡最初的功能僅止於「便捷」，然而二戰結束後，隨著世界持續和平與商業化發展，即溶咖啡開始與節奏快速的現代生活相結合，加上生產技術不斷精進，使其在「便捷」外又多了個「美味」的新標籤。

即溶咖啡有兩種基本製造方法，一種是噴霧乾燥法，另一種是冷凍乾燥法，其目的都是為了將咖啡萃取液中的精華轉為固態，成品之咖啡因濃度 15% 以上，遠高於平常飲用的咖啡之濃度。

噴霧乾燥法屬於傳統製法，製作成本相對低廉，但因過程中容易流失風味，須仰賴後續人工添加物來增加風味，因此難以擺脫「低級貨」的惡評。冷凍乾燥法則是目前被廣泛採納的食品保存技術——在真空低溫狀態下，將食物的水分急凍成冰，再加熱使水分昇華，進而將食物製成脫水食品，並保留原有的色香味與營養物質。冷凍乾燥的即溶咖啡粉有較高的品質，雖然售價較高

且尚未普及，但可以視為即溶咖啡的一大趨勢。

☕ 淺談低咖啡因咖啡

咖啡裡含有的物質非常豐富，但對人體影響最大的還是咖啡因。含有少量咖啡因的咖啡，即稱作低咖啡因咖啡（Decaf Coffee）。所謂「少量」究竟是多少呢？只要簡單看看幾個數據就能明白。

阿拉比卡種咖啡中，咖啡因含量為 1.2 ～ 1.5%，而羅布斯塔種的咖啡因含量在 2.7% 上下。一罐 330 毫升的可口可樂，咖啡因含量約為 40 mg，同樣大小的能量飲料之咖啡因含量則約為 80 mg。

咖啡飲品中的咖啡因含量，若不超過 0.3% 則可稱為「低咖啡因咖啡」。

即溶咖啡加上奶泡和巧克力醬點綴，也可以變得很漂亮。

一杯 12 盎司的普通咖啡中，咖啡因含量約為 100 ～ 180 mg，而同樣 12 盎司的低咖啡因咖啡，其咖啡因含量通常只在 10 mg 以內，甚至可能只有 2 mg。

低咖啡因咖啡具體又可分為兩種：天然的低咖啡因咖啡，與人工低咖啡因咖啡。其中前者非常罕見。巴西科學家於 2004 年宣布，在衣索比亞的野生咖啡樹基因庫中篩選到 3 個珍貴的低咖啡因品種。此一轟動咖啡界的消息意味著不久的將來，人們將可以喝到不需經過「去因處理」的天然咖啡。不過現階段我們喝到的低咖啡因咖啡，仍是經過人工去因處理的產品，也叫做「去因咖啡」。因此現階段，我們可以將「低咖啡因咖啡」與「去因咖啡」劃上等號。

1903 年，德國人發明了咖啡的去因技術，但是由於缺乏改良動力，低咖啡因或無咖啡因的咖啡長期以來都以口感不佳為最大敗筆。1980 年代以後，隨著「瑞士水處理法（Swiss Water）」逐漸被廣泛使用，去因咖啡才逐漸擺脫「口感拙劣」的惡評。瑞士水處理法不同於以往使用化學溶劑去除咖啡因，而是以純水為媒介，再以活性碳過濾咖啡因。這種方法可以大大降低汙染，且使咖啡風味不流失。

不必追求低咖啡因咖啡

在歐美的咖啡消費市場中，低咖啡因咖啡也日漸成為一大趨勢。不過我認為，一般人大可不必「過分關注」。對於那些把咖啡視為日常生理需求的歐美人士，因為咖啡飲用量驚人，每天飲用 6 ～ 7 杯者不在少數，有咖啡因過量的疑慮，低咖啡因咖啡的需求也應運而生。然而多數人僅將咖啡視為偶爾為之的時尚飲品，如果以低咖啡因咖啡取代普通咖啡，不僅得花更多錢，喝到的咖啡不一定風味好，還會失去適量咖啡因能為身體帶來的健康益處，並無此必要。

健康的咖啡

「你知道咖啡是開車時最適合喝的飲料嗎？你知道在咖啡生產和銷售大國經常飲用咖啡能挽救生命嗎？過去 20 年，研究人員已經對咖啡進行了廣泛研究，對於這一看似簡單的飲料所擁有的大量益處，科學上才揭開冰山一角，已經有很多證據顯示咖啡所具有的功效和價值，但研究結果都只發表在專業雜誌上，很多讀者閱讀不到。」

—— 《咖啡無罪的 101 個理由》

我在平常的咖啡教學中，往往會讓學員們試著描述自己所理解的咖啡。香醇、提神、優雅、時尚、國際化、香濃、文化、品味……這些都是很常聽到的詞，但有一個答案是我想聽到卻常常失望的——那就是「健康」。

咖啡的不平等待遇

作為全世界僅次於水的健康飲料、僅次於石油的最有價值合法商品，每天有十幾億個地球人起床後的第一件事情就是喝杯咖啡，全球每日咖啡消耗量超過 22 億杯。但是在很多人眼裡，咖啡卻受到很多不公正的對待——雖然愛喝咖啡的人越來越多，咖啡的消費量也越來越驚人，但多數人主要都是迷戀它所散發的異國、優雅平和的氣息，對於其能為我們帶來的健康益處卻視而不見。

現在，全世界正迎來又一個咖啡消費高峰，我們在了解咖啡時，也有必要還原其真實的面目。

來自天然植物的健康果實

咖啡豆是純天然植物—— 咖啡樹的健康果實，屬於咖啡果的一部分，並且還是源自咖啡果最營養的部位：果實的種子。這說明了黑咖啡是純天然的飲品，且具有無庸置疑的健康本質。

黑咖啡能減肥

黑咖啡有助於減肥，這並不只是傳說而是事實。飲用咖啡時，能透過咖啡因刺激人體產生熱能、讓人清醒，並加速新陳代謝，進而幫助減輕體重（當然還需要配合運動）。此外，黑咖啡幾乎沒有熱量，以黑咖啡取代其他碳酸飲料或果汁等飲品，是減少攝取卡路里的最佳方法。

適量咖啡因有益健康

美國食品藥品監督局（FDA）指出，80％的美國成年人每天攝取約 200 mg 的咖啡因，大約相當於飲用兩杯普通容量的咖啡。過量攝取咖啡因（每天超過 500 mg）對身體無益，但適量攝取不僅無害，更是具有健康價值的。

舉例而言，適量的咖啡因能夠刺激中樞神經系統，對注意力、記憶力、邏輯思維能力、社交行為能力、情緒控制能力等方面都有積極正面的影響。並且，建立適量飲用咖啡的習慣所帶來的正面影響，是持續且永久的，甚至與老年癡呆症、帕金森氏症、憂鬱症等疾病的預防都有密切關係。科學家認為，每天攝取 300 ～ 400 mg 咖啡因對於防止認知能力下降（如阿茲海默症）有很大的助益。

至於某些人害怕會因咖啡成癮而影響健康，這點也已經由現代醫學為咖啡平反——生理上的依賴如吸毒，會對身體構成威脅，但心理上的依賴卻不會危害健康。咖啡即屬後者。

咖啡富含營養成分

咖啡並不只是含有咖啡因而已，其中的營養物質如礦物質、維生素和抗氧化成分等，含量都超過很多重要食物。咖啡是美國等諸多咖啡消費國國民的最大抗氧化來源，飲用量甚至超過了蔬菜水果的攝取。咖啡中所含有的天然抗氧化劑如綠原酸，可以預防癌症、心臟病、心血管疾病、中風和白內障等。

這些年關於咖啡的健康報導很多，很多困擾人類的病症甚至從小小的咖啡豆上，找到了可能的治療方法。甚至有學者認為，咖啡具備與性愛同樣能為人體帶來的一切好處，並且可以取代性愛。美國曾針對七千人進行調查，結果顯示，如果要在咖啡與性愛間抉擇，他們更樂意喝咖啡！

Chapter 3

製作完美咖啡

接下來這個章節，與咖啡消費者、愛好者以及經營者密切相關，將帶領讀者了解如何控制細微的環節和變因，讓咖啡的精采風味充分釋放，兼具實用性與技術性，也大大提高咖啡這門學問的趣味。

　　＜沖泡與萃取＞是本章的核心與高潮，相較其他章節而言最為艱澀，但也能藉此感受咖啡殿堂的一大精妙。此外，＜美味咖啡七大原則＞小節裡，也為讀者簡單歸納了沖泡咖啡必知的七大原則。

　　最後提供一個小小的祕訣，我平常會將沖泡好的黑咖啡趁熱裝入保溫瓶中，哪怕是數小時後才倒出來飲用，依然香醇溫熱，燜過（是燜不是煮）的黑咖啡喝起來別有一番風味，值得一試。

淺談烘焙

咖啡生豆不能直接食用或飲用（曾有個學員出於好奇直接咬咖啡生豆，結果咬壞了牙），我們一般看到的褐色或深褐色帶有誘人香味的咖啡熟豆，是生豆經過加熱烘焙、脫去銀皮後的產物。烘焙咖啡豆，是咖啡經過高溫焙製，發生一系列物理和化學變化而產生色、香、味並形成風味油脂的過程，是天使降落凡間，與人更為親近的神奇歷程。

雖然早在數百年前，人們已經開始使用烘焙後的咖啡豆，但對烘培過程卻無深入研究，有人認為這是一個難以琢磨的神祕過程，也有人認為是不需要什麼高深技術的工作。隨著人們對於咖啡風味與口感的要求越來越高，每個加工環節都被人們拿來放大研究；隨著現代科技日趨成熟，烘焙過程中蘊藏的物理、化學變化也越來越被人認識，但也僅僅只是部分解密。人們開始意識到烘焙操作之奧祕無窮，並了解烘焙技術將對咖啡的品質起到重要作用，「咖啡烘焙學」順勢而生。

那麼，咖啡豆在烘焙過程究竟發生了哪些變化呢？以下即針對烘培時的物理、化學作用作簡單解釋。

烘豆過程的物理變化

先從物理變化談起，咖啡豆加熱過程中會流失水分，導致重量減輕 10～15%，與此同時，內部二氧化碳大量溢出，會導致體積膨脹 25～60%，像爆米花一樣。此外，透過顯微鏡可以發現，原本緊緻的纖維結構發生膨脹變化後，會形成大量孔洞，二氧化碳和揮發性芳香物質（Volatile Aromatics）都順著這些不規則的通道逸出，使得原本堅硬的咖啡生豆變得焦脆易碎。在放大鏡下觀

察的話，可以看到明顯的海綿、活性炭或蜂窩狀的結構特徵。

烘豆過程的化學變化

隨著咖啡豆進入「一爆」，主要由物理作用主導的烘焙過程，將轉而發展為更加複雜的化學變化。原本潛藏在豆子深處的神祕芳香物質，會透過熱解作用逐漸轉變為風味油脂。事實上約占熟豆總重量 30% 的物質都是在烘焙時產生的，我們能透過嗅覺、味覺和視覺去感受，其中外觀變化最為明顯：咖啡豆顏色會由黃綠色變成淺褐色，再依序演變成褐色、棕褐色、黑褐色。這是因咖啡生豆中的澱粉轉化為糖分，糖分又進一步焦化所造成。

如上所述，咖啡豆在烘焙加熱過程中，不斷進行複雜的物理及化學變化，釋放大量物質的同時，也生成大量新物質，香氣、味道、油脂、醇度、咖啡因含量等特性皆不斷發生變化。因此，咖啡烘焙可說是一個創造風味的過程，在整個咖啡製作過程中，占有最重要的核心地位。

關於烘豆師

咖啡界中有所謂「一小師、三大師」，一小師指的是吧台調製咖啡飲品的咖啡師，手巧且勤於練習者一年左右可有小成；三大師指的是咖啡園藝師、咖啡品鑑師（杯測師）與咖啡烘焙師，都需要在專業領域多年磨礪才能有所成就。其中，一個合格的咖啡烘焙師至少需要做到以下三點：

第一，嚴格把關咖啡豆烘焙過程，使咖啡豆能獲得高品質的焙製，不要出現受熱不均等問題。這也是最基本的要求。

第二，將咖啡豆控制在最適宜的烘焙程度。怎樣才叫適宜？就是讓咖啡豆呈現出最佳品質狀態，而這通常需要透過杯測來驗證。另外還有幾種可能，例如使一款咖啡豆能夠完全展現其優點、消費者對咖啡豆有最高的滿意度（即從消費者需求界定），也可能是最能隱藏一款咖啡豆的缺點，或是刻意讓咖啡豆呈現出某種特殊風味……這些無不要求烘豆師須對咖啡豆的特性瞭若指掌，也要對各種烘焙程度的細微變化明瞭於胸。

第三，維持穩定如一的風味。新手

烘豆師如果按部就班並對照色卡，也能烘焙出一鍋出眾的豆子來。但下一鍋甚至後面十鍋的風味能完全相同嗎？甚至能讓嚴苛的消費者感覺不出所喝咖啡有何不同？咖啡生豆一次可以囤積的數量是非常有限的，而不同批次的生豆有著不同的特性和含水量，再加上保存環境大不相同，所以沒有一套標準的烘焙公式可以複製。隨著咖啡生豆源源不斷地供應，在在考驗著烘豆師的掌控能力，這才是烘豆師的難度所在。對烘豆師而言，最大考驗莫過於所謂「昨日重現」，然而很多小烘焙商其實未必能做到這一點。

第四，咖啡豆的搭配。烘豆師還需要肩負另一項重任，那就是咖啡豆的混合搭配——將不同風味與口感的咖啡豆按不同比例進行混合，創造出屬於某個公司或品牌的特定產品。這個工作可以在烘焙前的生豆階段進行，也可以在烘焙後的熟豆階段再進行。前者稱為混合烘焙，因不同豆子的特性差異太大，所以烘焙品質較難掌控；後者則屬單品烘焙，烘焙後再進行混合，難度小很多，也較好掌控。

此外，有些烘豆師還會在烘豆時添加一些增味劑，使咖啡豆增加與眾不同的風味。我多年前也曾嘗試烘焙一款名為「情侶咖啡」的加味豆子，並在自己的店裡銷售，後來因有感於人工添加的方法太不入流，就金盆洗手了。

認識烘焙階段與程度

對於初學者，烘焙是個有趣的學習過程，雖然這是一門很深的學問，但入門門檻卻很低，只需一點花費，即可在家嘗試練習烘豆。我向來極度鼓勵新手們從興趣入手，並放膽去實踐，從中享受咖啡的樂趣。

美國精品咖啡協會（SCAA）的焦糖化測定法（Agtron），是利用紅外線波長（咖啡豆表面的不同反射效應）來測定咖啡豆內部糖分的焦化程度，進而確立咖啡豆的烘焙程度，是目前廣受認可的烘焙程度判斷標準。不管是專業人士還是業餘玩家，P.84 的說明表都非常實用。

咖啡豆烘培過程

烘焙階段	階段說明
吸熱脫水	吸熱脫水階段是烘焙的最初期，約占整個烘焙過程一半的時間。在此階段，咖啡生豆不斷吸熱，同時內部水分逐漸升溫蒸發，咖啡豆的顏色也會從青綠色逐漸轉變成淺黃褐色。進而伴著少量的銀皮脫落，隱約可聞到淡淡的青草香。
一爆及放熱	咖啡豆內部水分開始蒸發，到達 190℃ 左右時，咖啡豆內部的吸熱作用已聚集大量能量。隨著內部物質的氣化逸出，轉變成一次劇烈的放熱作用，並伴隨清脆而散亂的爆裂劈啪聲。 一爆是整個烘焙過程中最重要的階段，無論採用何種烘焙程度，都一定會經過這個階段。一爆末期至一爆結束之際，咖啡豆呈現出最原始且真實的風味，香氣明媚，果酸極為飽滿，口感清爽宜人。
二次吸熱	隨著一爆結束，溫度到達約 200℃ 時，咖啡豆會進入二次吸熱。大量的新化合物在此階段形成，並造就咖啡豆的口感和風味。 一爆結束後至二爆開始前是個極為重要的階段，SCAA 等專業機構所規定的杯測烘焙度都落在此階段。咖啡豆在風味上不僅保留了較豐富和原始的特性，且香氣豐富，果酸也更加均衡柔和。
二爆及放熱	溫度約到達 225℃，隨著咖啡豆內部能量的積累，將開始進行第二次爆裂，這次聲響會比一爆小而密集。二爆剛開始時，咖啡豆的原始風味已逐漸達到平衡，儼然有了四平八穩的成熟氣度，像一個進入而立之年的人，旺盛的精力與豐富的閱歷感都能被體現出來。 二爆前期至中期，隨著烘焙程度的提升，果酸已經非常微弱，風味愈發沉穩，苦味與焦糖的甘甜開始凸顯，像一個進入壯年的人。不久後進入二爆密集期，咖啡豆表面呈現油光，苦味與醇厚度取代了果酸，像一個邁入中老年的人，厚重感令人肅穆。多數傳統義式濃縮咖啡均採用此烘焙度。
迅速冷卻	在一爆到二爆之間的任一時間點結束烘焙後，要迅速進行冷卻，以阻止咖啡豆內部繼續發生各種劇烈反應，及時保留咖啡豆的風味與狀態。降溫方式可採吹冷氣或噴水降溫。

八階段烘焙程度說明表

四大階段	烘焙程度	烘焙進程	風味特徵
淺烘焙 Light Roast	極淺度焙 Light Roast	進入一爆	綠原酸殘留過多，使芳香物質生成十分有限，口感酸澀難以下嚥。
	肉桂烘焙 Cinnamon Roast	一爆密集期至末期	釋放的芳香氣體以低分子為主。如烘焙不佳，可能造成口感單薄、尖銳、生澀。
中烘焙 Medium Roast	中度烘焙 Medium Roast	一爆結束	釋放的芳香氣體以低分子為主，香氣辨識度高，如花香、果香、草本香等。
	中深烘焙 High Roast	一爆後，二爆前	開始釋放不少梅鈉反應所生成的中分子氣體，口感鮮爽、明亮，焦糖的甜香也較為明顯。
中深焙 Moderately Dark Roast	城市烘焙 City Roast	到達二爆	釋放的氣體以中分子為主，酸香中帶有誘人的焦糖、堅果、巧克力等香氣，有「Full Flavor Roast（全風味烘焙）」之稱。
	全都會烘焙 Full City Roast	進入二爆	大分子氣體開始出現，咖啡豆表面塋潤有光澤，出現少許油脂，焦糖香氣豐沛。是義大利北部 Espresso 的首選烘焙度。
深烘焙 Dark Roast	法式烘焙 French Roast	二爆密集至末期	咖啡香氣中帶有樹脂、香料、碳化等深沉內斂的氣味。是傳統義大利南部所採之烘焙度，豆子豐沛圓潤，回甘持久，適合製作冰滴咖啡。
	義式烘焙 Italian Roast	二爆結束	二爆完全結束。咖啡豆表面油亮，咖啡豆明顯焦化。

烘焙基本原則

以下從咖啡愛好者的角度出發，對咖啡烘焙的基本原則進行簡單的歸納。

烘焙原則一：酸苦變化

咖啡豆在烘焙過程中，內部會先形成大量味道豐富的酸性物質，隨著咖啡豆烘焙程度持續提升，酸性物質逐漸分解，澱粉轉化而來的糖會逐漸焦化、苦味漸強。也就是說，隨著烘焙程度提升，咖啡豆的酸味會減弱、苦味增強，因此酸味偏重的咖啡不宜淺度烘焙，而苦味強勁的咖啡則不宜烘焙過深。以此原則合理掌控烘焙程度，可使咖啡豆的酸苦味更加平衡。此外，烘焙程度加深除了會帶來更加厚重的苦味和醇度，同時也會釋放大量咖啡油脂，增加口感。

烘焙原則二：品質與個性突顯

隨著咖啡豆烘焙程度的提升，咖啡豆的優劣個性與特徵將逐漸減弱，咖啡豆的澀味、雜味逐漸去除，均衡感與醇厚度也會逐漸提升。

對於那些品質比較拙劣的咖啡豆，如果採用偏淺度烘焙將使缺陷暴露無疑。若將烘焙程度提高一些，則能適當掩飾澀味與雜味。但這並不代表所有深度烘焙的咖啡豆都品質拙劣，也許是為了追求均衡感、醇厚度或油脂。在「極淺度─淺度」烘焙階段，咖啡豆的個性表現將過於突出，除了少數優秀精品豆以外，淺度烘焙未必是好的。所以大部分個性特徵突出、風味出眾的咖啡豆，較適合採取「中度─中深度」烘焙，對於某些烘焙師和杯測師而言，這樣的烘焙階段還有另一個優勢，就是能好好表現風味的層次與豐富度。

烘焙原則三：含水量先決

含水量高或果肉肥厚的咖啡豆應烘焙得較深些，而含水量低或果肉薄少的咖啡豆則最好烘焙得淺些。如果是同一產地、同一品種的豆子（甚至是同一棵咖啡樹結出的豆子），新豆的顏色比老

以 Agtron 檢測咖啡豆烘焙程度

豆更加濃綠，含水量更高；老豆顏色較淺、偏黃，含水量較低。口感上則是新豆較酸一些。如果想要兩者最終表現出一致的酸苦平衡風味，建議把新豆烘焙得深一些。烘焙新手則建議使用含水量較低的豆子，例如以放置數年、含水量已下降不少的老豆來練習烘焙。

烘焙原則四：香氣走勢原則

淺焙的咖啡豆，以小分子化合物為主，花香、草香和果香明顯。到了中度烘焙，芳香物質則以中分子居多，焦糖、奶油、巧克力、堅果等氣味明顯。深度烘焙時，芳香物質主要是一些大分子化合物，有樹脂、香料、炭燒等氣味。

漫談咖啡烘焙設備

我們不妨將咖啡烘焙分作「家庭烘焙」與「商用烘焙」兩類。前者使用的是手工設備或小型烘焙器具，由於數量小、穩定性及可複製性差，所以通常為咖啡愛好者或小型咖啡店所採用。後者指中大型咖啡企業的烘焙行為，要求大量、品質穩定的長期供應，因此需要使用商用烘焙機。話雖如此，一味看輕家庭烘焙也是不恰當的，不少用慣動輒十幾萬元烘焙機的專業烘焙師，滿口烘焙曲線、脫水、滑行等術語，一旦沒了高科技設備，便對咖啡豆的烘培束手無策。

家庭烘焙

手網烘焙

家庭烘焙最常見的是手網烘焙。只需要準備一個金屬手網、瓦斯爐、隔熱手套、用來盛裝冷卻咖啡豆的金屬托盤和計時用的鬧鐘，即可進行有模有樣的烘焙操作了。我們在烘焙經驗中發現，看似簡陋的手網烘焙雖消耗體力（端著盛滿重達上百克生豆的手網在瓦斯爐上長達十幾分鐘絕對是項考驗），但卻有可調節火力、觀察便利、排煙通暢等優

手網烘焙

使用鐵鍋炒豆

點。如果是技術一流的人，手網烘焙絕對值得信賴。

鐵鍋明火炒豆

能與手網烘焙一決高下的家庭烘焙方法，是使用傳統常見的黑色圓底大鐵鍋，並在鍋中以明火炒豆。以這種方法焙製的咖啡豆品質也說得過去，不過得不停用鍋鏟來回翻炒，同樣耗費體力。

平鍋電磁爐煎豆

第三種推薦的家庭烘焙手法是使用煎牛排那種厚底平鍋，在電磁爐上翻炒豆子。這種方法難度較高，因為咖啡豆容易受熱不均，所以品質難與前兩種相提並論，初學者可以少量烘培練習。

無論用上述哪一種方式進行家庭烘焙，成功的關鍵都在於事先準備好溫度計，再根據前面章節的描述隨時觀察豆子的溫度變化，以判斷當下的烘焙程度。如何盡可能使咖啡豆均勻受熱，是這幾種烘焙法的第一道難題，也是最核

心的問題。

烤箱焙豆

第四種方法是以烤箱烘焙豆子。由於這種方法根本無法觀察咖啡豆的狀態變化，甚至聽不清咖啡豆的爆裂聲，排煙問題也無從解決，所以焙製出來的咖啡豆品質最差。

以上四種家庭烘焙還有個共同的難題——無法進行烘焙結束後所需的快速高效冷卻，這可能導致咖啡豆風味在最後功虧一簣。所幸現在已可以在網路上購買到家用的小型電動烘焙器具，價格千元至上萬元不等，單次烘焙量在100～150 g。

家庭烘焙建議烘焙量

家庭烘焙法	建議單次烘焙量
手網烘焙	100～180 g
鐵鍋明火炒豆	150～300 g
平鍋電磁爐煎豆	100 g
烤箱焙豆	150～300 g

商用烘焙

商用烘焙要使用專業烘焙機。不管是可以單次烘焙 300 g、80 kg 還是 500 kg 咖啡豆的烘焙機，都不會超出直火式、半熱風式和熱風式這三種基本類型。

直火式烘焙機是將咖啡豆放入中空的滾筒中，以明火直接接觸咖啡豆進行焙製。優點是構造簡單、價格低廉、易於操作；缺點是咖啡豆直接接觸火源，會導致受熱不均且膨脹不足，通常用於小型或微型的非專業烘焙需求。

半熱風式烘焙機在直火式基礎上改進，滾筒經由隔板阻隔，咖啡豆不會直接接觸火源，而是讓產生的熱力進入滾筒來焙製咖啡豆。這種改良大幅提升了咖啡熟豆的品質。但不管是直火式還是半熱風式，滾筒中攪拌葉片的款式和定速都是很重要的。

熱風式烘焙機是所有大型烘焙機都採用的原理，焙製過程產生的熱力是由專門的燃燒裝置產生，再經由導氣系統疏導到承裝咖啡的滾筒中，最後經由排氣閥、集塵管排出去。初學者不要被這種大型機器給嚇到了，其實原理非常簡單，只需瞭解烘焙時熱風的產生流向（涉及加熱裝置與排煙裝置），以及冷卻時的空氣流向（涉及冷卻裝置），就不難了解其基本結構了。多數商用熱風式烘焙機，烘焙過程中咖啡豆一直都懸浮在高溫高壓空氣中，並不會接觸到滾

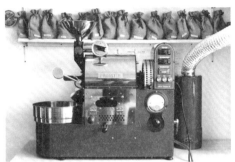
1.5kg 的小型商用烘焙機

日本咖啡烘焙廠裡的大型碳燒咖啡烘焙機

使用液化氣的咖啡烘焙機

筒四壁，因此有助於穩定品質。

在做同一批次咖啡生豆烘焙時，烘焙師會使用一大一小的烘焙設備。小型烘焙機又叫樣品烘焙機，通常一次可烘焙 500 ～ 1,000 g，可以用來進行測試，探索該款豆子的烘焙特性，描繪出準確的烘焙曲線，再將烘焙曲線複製到大型烘焙機上，即可進行大量生產了。

漫談咖啡熟豆

☕ 咖啡熟豆的簡單鑒定

認真查看咖啡熟豆

對於很多消費者和咖啡店主來說，日常接觸到的多是咖啡熟豆。以下介紹幾個簡單的外觀審查步驟，可藉此判斷豆子烘焙的好壞與新鮮程度。

第一步，觀察咖啡熟豆的整體色澤。若色澤深淺不均，則代表烘焙不均或存在較多不易烘焙的瑕疵豆，如死豆、未熟豆等。

第二步，觀察咖啡熟豆的形狀。如果殘碎的豆子較多，或大小不勻，則表示品質不佳。

第三步，隨機挑選幾顆熟豆，放在手中查看。如果呈現偏深的褐色且表面盈澤光潤，但用手摸上去乾燥無油膩感，表示烘焙得恰到好處。不管是對咖啡店還是用壺具沖泡咖啡的咖啡愛好者而言，都是較理想的烘焙程度。換言之，如果咖啡豆表面油膩，觸摸後手上也會沾滿油漬，則可能有兩種情況：一是咖啡豆的烘焙程度過深，使得咖啡豆烘烤到出油、焦苦味偏重。二是咖啡豆不夠新鮮，任何烘焙好的咖啡豆，只要存放較長時間都會出油。

第四步，再次隨機挑選幾顆咖啡熟豆，放在手中查看，用大拇指和食指握

住捏一捏。如果還沒出力咖啡豆便粉碎，表示烘焙過深。如果用盡力氣都難以捏碎，則說明烘焙程度過淺。最好的狀態是稍微使點力氣咖啡豆便能以清脆聲響破碎。

第五步，咖啡熟豆破碎後，用鼻子聞聞看，應該可以聞到一股新鮮的香氣。如果聞到的香氣很淡或者聞到一股陳腐味，表示品質不好。

第六步，觀察破碎咖啡熟豆的剖面。如果顏色均勻一致，代表烘焙得好。如果剖面顏色深淺不一，則說明焙製環節存在瑕疵，品質自然也就存疑了。

表面乾燥與出油的咖啡熟豆

以密封鋁箔袋包裝的咖啡

180 倍顯微鏡下的生豆（左）與熟豆（右）

☕ 咖啡熟豆的包裝

咖啡生豆焙製成熟豆後，質地變得疏鬆脆弱，整體布滿孔洞，有類似蜂巢的結構特徵，與空氣接觸面積會大幅增加且氧化速度加快，香氣易揮發，還會像活性炭般強勁地吸附周圍異味，因此要長期保持風味幾乎不可能。對於不自行烘豆的消費者來說，「少量買、快速用、妥善存」是基本原則。

帶有單向排氣閥的鋁箔袋是最常見的熟豆包裝，具有避光保存、價格低廉、可從內向外單向排氣等優點。但是單向排氣閥雖能避免腐敗味道的生成，卻並不能阻止咖啡香氣的逸散。除了鋁箔袋

之外，帶有橡膠密封圈的玻璃儲豆罐、陶瓷儲豆罐、錫製儲豆罐也都是不錯的選擇，塑膠製品則不建議使用。

「鋁製儲豆罐」也是一種常見的加壓包裝，成本較高，但保存效果很好。包裝方式是將剛烘好不久的咖啡豆裝入抽真空的罐中，並填充定量的惰性氣體，使罐中維持適宜的內壓。咖啡熟豆在這種加壓狀態下保存，能使香氣存留在脂肪上，品質好的可保存一年甚至更長時間。

☕ 咖啡熟豆的保存

接著，我們再來講講咖啡熟豆的保存。這裡歸納出五個注意事項：

第一，排氣保存。盡量排出儲豆容器中的剩餘空氣，減少咖啡豆與空氣的接觸。如果使用的是已經剪開袋口的鋁箔袋，需先用手擠壓，排出空氣再用封口夾密封保存。如果用的是儲豆罐，則可裝入咖啡豆後再塞一塊棉花，壓得緊實些，這樣也可以排出大部分罐中空氣。

第二，避光保存。保存咖啡豆時應避免光線直射。尤其是透明玻璃儲豆罐，必須放置在遮光的陰暗處。我剛入行時，有次與一位老師相約前往某知名專業咖啡店考察，走到門口時看見磨豆機放置在玻璃窗下，豆倉裡滿是咖啡豆，明媚的陽光直射其上。老師立刻搖搖頭對我說：「這家咖啡店不可能做得出專業的

咖啡。」便轉身離去。

　　第三，切勿放在高溫環境中。我曾看過一家北京的咖啡店，冬天時竟然將儲豆罐放在電暖氣上，雖是無心之舉卻會使品質大打折扣。密封好的咖啡豆在保證不會流失香氣的前提下，可以放入冰箱或蛋糕保鮮櫃中保存，溫度以 2 ～ 8℃為宜。注意取出時需適當靜置，讓溫度緩慢回升到室溫狀態後再研磨使用。過去的經驗證明，咖啡熟豆儲存在攝氏零度以下的冷凍狀態是不適宜的，冷凍過後的咖啡豆會嚴重減損香氣和風味。

　　第四，密閉保存。許多人問我是否能將咖啡熟豆存放冰箱中，我並不建議，因為包裝很難做到真正的密閉。很多咖啡豆的包裝並不嚴謹，或者包裝袋表面含有大量肉眼看不見的細微孔洞，密閉性不夠好，在此前提下進入潮濕、多味的冰箱中，應該不難想像咖啡豆的品質會如何迅速惡化。

　　第五，留意新鮮週期。任何咖啡熟豆的保存都只能是一時的，我們需要引入一個「新鮮週期」的概念，密切留意咖啡熟豆處於哪個階段，並加快使用速度。這個問題我們將在下一節裡深入討論。

咖啡熟豆的新鮮週期

　　一支封裝在瓶中的葡萄酒像是生命體般，無時無刻發生著變化，我們將等待最好風味來臨的過程稱作「熟成」。剛剛烘好並冷卻咖啡熟豆則沒有那麼幸運，我們必須趁新鮮盡快享用。如果不考慮特殊季節、溫度、濕度、氣壓，以及咖啡豆的不同烘焙程度和烘焙曲線等，在 20℃ 理想狀態下，我們可以按照以下方式來劃分咖啡熟豆的新鮮週期（專業人士的標準更為嚴格）。另外要特別注意，夏天咖啡熟豆的風味劣化會比冬天來得更快些。

　　養豆期：剛剛烘焙好的咖啡熟豆徹底放涼後，應盡快裝入含單向排氣閥的包裝袋中保存。此時雖然新鮮度最高，但質地並不穩定，比如說會有大量二氧化碳逸出，因此需要耐心等待咖啡熟豆進入穩定狀態。這一過程俗稱「養豆」，最短約

需 1～2 天。經歷這一階段後可用來製作滴濾式咖啡，如果要用來萃取 Espresso 或杯測，養豆期應適當延長些，約需 5～7 天的時間。但要注意的是，凡事過猶不及，過長的養豆期有壞而無益。

最佳賞味期：從養豆期結束開始計算。當我們剪開咖啡豆包裝開始研磨，此時咖啡豆正處在最佳階段。如果保存良好，這一階段大約可維持 2 週，我們將此階段稱作「最佳賞味期」。

新鮮期：從為期 2 週的「最佳賞味期」結束開始計算，包裝袋中的咖啡豆風味會在此時逐漸走下坡，但如果能妥善保存，起初會有一段時間品質風味下降速度較慢，咖啡豆的新鮮度依然處在較高水準，我們將其稱作「新鮮期」，時間為 1 個月左右。所有咖啡熟豆都應該在「新鮮期」結束前盡快使用完畢。

處置期：從「新鮮期」結束開始計算，咖啡熟豆的品質風味已經大不如前，已遠離「新鮮」二字，無法滿足專業人士挑剔的需求。但還是可以當成早餐的

提神咖啡、咖啡廳的當日黑咖啡或與牛奶、奶油、巧克力醬搭配做成花式咖啡，大可不必一概否定。這一階段可以維持 1 個月左右，在這段時間內務必盡快用完，不妨稱之為「處置期」。

從最佳賞味期到處置期共計約 10 週時間，不長也不短，消費者應盡量在此時間內將咖啡豆用完。過了處置期的咖啡豆，縱使從未打開包裝袋，風味也將銳減，失去新鮮而無品嚐價值了。

研磨咖啡豆

研磨後只能保鮮 5 分鐘

經常會有學員詢問，咖啡粉該如何保存？這問題令人苦惱，因為對一般消費者而言，絕無能力和技術能做到完善儲存咖啡粉。經過專業檢測報告證明，咖啡豆在研磨的前 5 分鐘內，會有將近 50% 的揮發性芳香物質逸散，因此若

你買的是咖啡粉（已填充惰性氣體的除外），就別對風味抱太大期望，完全只是便利取向。即使是用等級最差的研磨器具，都會比直接使用咖啡粉好上百倍，因此喜歡喝咖啡的人還是得好好靜下心來學習咖啡豆的研磨。

☕ 研磨環節容易出漏洞

為了萃取（Extraction）咖啡的精華，研磨咖啡熟豆的步驟必不可少，這一看似簡單的過程蘊藏著很多學問和細節。事實上很多人自行沖泡的咖啡之所以口感風味欠佳，並非因為豆子不好，也不是烘焙上有缺失，更不是不夠新鮮，最常見的原因往往是研磨環節出現了漏洞。

咖啡熟豆研磨後，細胞壁的完全破壞導致其處於完全開放狀態，四周會彌漫著誘人的咖啡香味，這同時也是咖啡香氣快速逸散的過程。此外，與空氣接觸面積的快速增加也會加速氧化，讓咖啡豆變得不新鮮。因此，研磨後的咖啡粉無法保存，研磨的程序應在萃取前才進行。

研磨咖啡豆時釋放的香氣濃淡與氣味特徵，也是判斷咖啡豆新鮮與否的關鍵。香氣越濃的豆子越新鮮，香氣越單薄的豆子越不新鮮。此外，存放過久的咖啡豆不僅香氣淡薄，還會帶有一股酸敗陳腐的氣味，需要特別注意。

☕ 不同粗細程度的研磨

咖啡豆以不同的粗細度研磨，其風味也會有所不同。一顆咖啡豆的表面積是 3.4 見方，研磨成粉後，整體表面積會擴大近十倍。越粗的咖啡粉，表面積越小，氧化的速度較慢，萃取時與水的接觸面積也較小，因此萃取出的有益成分越少，咖啡濃度較低，酸味較強，苦味較弱。反之，研磨得越細，咖啡粉的表面積越大，氧化速度較快，萃取時與水的接觸面積也較大，萃取出的有益成分越多，咖啡濃度較高，酸味較弱，苦

味較強。

　　評價研磨水準的高低，並不會以粗細度為標準，因為不同的研磨粗細度是用來配合不同的萃取場合，滿足不同的品嚐需求，而無好壞之分。研磨顆粒的均勻程度才是評判研磨水準的主要依據。有些人喜歡在家自己動手製作咖啡，使用的都是網路上購買的高品質咖啡豆，新鮮度尚可，水質和萃取技術也都很好，但在一些嚴苛的專業者眼中卻是在暴殄天物。原因便是出自極不專業的研磨環節──有些顆粒很大，有些卻已經成了細微的粉末。如果以這種混合物進行萃取，會大大破壞咖啡原本應有的均衡感，咖啡豆純淨的口感也變得混濁，那麼如何才能表現出最好的風味呢？有興趣的讀者可以結合後面的〈沖泡與萃取〉章節來進一步學習。

　　就像不同的烘焙程度會影響杯中風味，我們也有必要對咖啡熟豆的研磨粗細度擬出一個衡量標準，並且可以用日常生活中常見的白砂糖、食鹽、麵粉之粗細度作為重要的評判依據。以下即介紹咖啡豆的各種粗細程度。

●粗研磨（Coarse Grind）

　　粗研磨並不意味著可以無限粗，大約像白砂糖的顆粒大小是最常見的研磨程度。這種研磨程度的萃取度比較低，適合使用較粗的濾網或可浸泡萃取較長時間的咖啡製作器具，如法式濾壓壺。

●中研磨（Medium Grind）

　　中研磨的顆粒大小介於白砂糖與食鹽之間。大部分萃取過程緩慢的滴濾式咖啡製作器具都適合採用中研磨，如虹吸壺、手工滴濾式沖泡等。

●細研磨（Fine Grind）

　　乍看很細，用手去摸卻有些粗糙的顆粒感，約是像食鹽般的粗細度。使用摩卡壺製作咖啡時，最適合這種研磨粗細度。

●義式研磨（Espresso Grind）

　　又叫極細研磨，看上去是細密的粉末，但是用手捏起來仍微有顆粒感。其粗細度介於食鹽與麵粉之間，主要適合以義式咖啡機萃取 Espresso。

●土耳其式研磨（Turkish Grind）

　　極細研磨程度，與麵粉近似，輕輕一吹即可飛揚，鋪在堅硬的桌面上用硬物碾壓不會發出碎裂的聲響。主要用來

煮土耳其咖啡，比較少見。

研磨粗細度與萃取度之間關係緊密，但要準確界定對於初學者還是有些

難度。除了以麵粉、食鹽和白砂糖等參考物比照外，可以多摸摸看，感受一下，慢慢建立起正確的觸覺標準。

專業與非專業咖啡研磨

☕ 從研磨原理說起

直接使用石杵和石臼即可進行最原始的咖啡豆研磨，據說這種遠古就開始使用的搗穀、搗米工具是由伏羲氏發明的。我就有一套玉石製成的杵臼咖啡研

非專業用的咖啡研磨設備

磨設備，比一般家庭使用的木質搗蒜器大上一圈。這種「物理撞擊式」研磨對於咖啡豆細胞壁的破壞性最小，能讓芳香物質的存留度提高，是理想上的最佳研磨方式。但事實上，如果想要研磨粗細度一致，不僅耗費體力和時間，也幾乎不太可能現實。

另一種與杵臼原理接近的方法，是用潔淨的白紗布將咖啡豆包裹以免散落，再用擀麵杖碾壓。這兩種方法都是出自碾壓研磨的原理。

採用何種研磨原理是區分研磨過程是否專業的標準之一，大部分的非專業研磨都是採用「切割破碎」原理。比如說幾千元就能買到的小型電動研磨機，通常是藉由直升機螺旋槳般高速旋轉的刀片將咖啡豆攪碎，稱為「電動碎豆機」更為準確。研磨的粗細度取決於研磨時間的長短──想要研磨得粗一些，研磨的時間就要短一點；想要細一些，就要多研磨一會兒，不過很容易出現粗細不均的現象。由於咖啡豆的細胞壁被粗暴打碎，再加上磨豆過程中會產生大

量熱能，這些都會加速咖啡豆香氣的逸散（芳香類物質的沸點通常都比較低）。所以，迫不得已要使用電動磨豆機時，應該斷斷續續地進行，以免過熱。

另外市面上也有很多漂亮精緻的手動磨豆器，雖是手動的，其研磨基本原理卻並不差，屬於碾壓研磨，設計上也往往較為精巧。只要把咖啡豆從上方開口處倒入，研磨後即會收集在下方的小抽屜裡。這種手搖研磨機具備美觀方便又安靜等優點，但同時也有效率差（每次可以研磨的量太少）、粗細度的精確調節差（通常只能進行粗度到細度研磨）、磨刀品質差（使用次數有限）等缺點，所以與真正的專業研磨設備還是有段差距。

專業研磨的四大特點

第一，採用碾壓研磨原理。平面式鋸齒刀（Flat grinding blades）與立體式錐形鋸齒刀（Conical grinding blades）是最常見的兩種磨刀結構。前者的研磨零件是由兩片布滿鋒銳鋸齒的環狀刀片組成，後者則由兩塊圓錐鐵咬合而成。雖然很多先進的專業研磨機都採用錐形磨，但我不贊成單純討論兩者孰優孰劣，應從研磨機的整體架構、使用場合等方面進行討論才更科學。

第二，功率大則效率高。單位時間研磨量大，不僅可滿足大量商用生產的

較為專業的平面磨刀

需求，咖啡粉停留在磨刀間的過程中產生的熱能也較少。對於咖啡愛好者或咖啡店經營者來說，如果需要一台專業設備，有一個比較簡單的判斷標準：研磨刀片（Grinding blades）的直徑越大、輸出功率越大則越好（專業級的研磨機功率往往在 200 W 以上，上千瓦也不少），研磨速度越快也越好。當你眼前有台專業級研磨機器，短短 2 ～ 3 秒便完成高水準的精細研磨，當下的快樂自然不言而喻。

第三，研磨粗細度均勻一致，且粗細度與研磨量精確可控。研磨粗細均勻是保證萃取均衡的先決條件。以往的專業研磨機上都會有一個手動分量器，用以撥出相對定量的咖啡粉。但這個裝置的問題也不少，像是存留咖啡粉多、清理異常麻煩、精確度低，以及容易溢撒弄髒操作檯等缺點。近幾年的專業研磨

60 倍放大鏡下的咖啡粉顆粒

機在此環節已有些改進，手動分量器被電控裝置取代，可以精確控制出粉量，研磨機也就此成為更加智慧、杜絕浪費的隨磨隨用工具。

第四，低溫研磨，芳香物質逸散少。有些咖啡師傾向於使用立體錐形鋸齒刀組的高級磨豆機，因不僅研磨效率高，且研磨時發熱量低，可減少香氣逸散。不少專業研磨機還帶有可控式的散熱風扇，便於將研磨時產生的熱能迅速排出，避免集熱，這對於減少芳香物質逸散很有幫助。

沖泡與萃取

完成了烘焙、研磨等一系列工作，美味咖啡即將來到眼前，接下來只差關乎成敗的「臨門一腳」—— 沖泡（Brewing）與萃取（Extraction），也就是將研磨好的咖啡粉浸泡於水中，交換出咖啡中的精華物質，製成一杯咖啡飲品。沖泡是萃取的過程與手段，萃取則是沖泡的目的與結果。

我們無法奢求將咖啡豆裡超過 2,000 種的神奇物質一股腦兒轉移到杯中，只希望能夠不糟蹋上天的恩賜、不辜負種植者的辛勞、不浪費烘焙師的付出，將我們所鍾愛的果酸、醇厚、甜美和芬芳盡量留存，並使得各種風味均衡柔美、曼妙怡人。

完美的沖泡藝術

飲品濃度（Strength）
＝沖泡比 × 萃取率
（Brewing Ratio × Extraction Yield）

對於飲用者來說，我們只想獲得一杯風味出眾、濃度適中的咖啡飲品。風味出眾主要取決於品種、種植、加工、烘焙等環節，濃度則由沖泡環節精確掌控，歐洲精品咖啡協會（SCAE）所制定之標準咖啡萃取液濃度是 1.2 ～ 1.45%，略高於美國精品咖啡協會（SCAA）的 1.15 ～ 1.35%，但又低於挪威精品咖啡協會（NCA）的 1.3 ～ 1.55%。

沖泡僅僅是一種過程與手段，對其效果的終極評估還須依賴看、聞、嚐等感官體驗（尤其是品嚐）來實現。在韓劇《咖啡王子 1 號店》中有許多花美男咖啡師製作咖啡的場景，既有手工沖泡，也有義式萃取，但這並不能真正證明他們的實力——沒喝過他們親手做的咖啡即無法實際驗證。在日常教學中，我也會使用美國人發明的 Extract Mojo 濃度檢測儀器來做些定量評估。

沖泡比

飲品濃度取決於沖泡比與萃取率。前者又稱「粉水比例」，意指沖泡時咖

以 Extract Mojo 檢測咖啡濃度

啡粉量與水量的比例。這個概念非常簡單，卻是最常見的問題之一，它與具體沖泡技巧、手法無關，而與個人經驗、喜好有關。歐洲精品咖啡協會的金杯標準（SCAE Gold Cup Standard）建議的沖泡比例為 50 ～ 65 g 咖啡粉對應 1,000 ml 的水。在我多年經營咖啡館的經驗中，總結了一套更簡單的標準，適合口味偏淡者，姑且叫作「沖泡比公式」，推薦給讀者。

以下直接提供一些可供參考的沖泡比例公式，其中烘焙程度為 Agtron ／ SCAA 烘焙色值 #65 ～ #55，萃取水溫為 91 ～ 94℃。如果喜歡投粉量多一點，則沖泡水溫應適當低一些；如果咖啡豆烘焙程度更深，沖泡水溫也應相對低一些。

沖泡比公式表

口味偏好	沖泡比（粉水比例）	範例
口感偏淡者	1：18	11.1g 咖啡粉／200g 水
口感適中者	1：17	11.8g 咖啡粉／200g 水
口感濃郁者	1：16	12.5g 咖啡粉／200g 水

☕ 萃取率

萃取率又叫萃取程度，是決定飲品濃度的第二大要素。它指的是咖啡粉在沖泡時，實際被萃取出的可溶解物質（Dissolved Solids）所占的比例。可以說，沖泡咖啡的各項實際操作之精髓，就是靈活掌控萃取度。人們在研究萃取這個動作時發現，咖啡熟豆中可溶性物質約占 30%，剩餘 70% 則是無法溶於水的纖維質。咖啡中的芳香油脂和其他精華物質的析出過程，呈現一開始迅速上升，到達顛峰值，隨後又快速下降的曲線。而咖啡因、苦澀味道等其他不受歡迎、導致口感不佳的物質之析出，則是一個緩緩上升的曲線。

顯然，我們需要找到一個合適的萃取率，讓令人愉悅的精華物質總量極大化，並使不受歡迎的糟粕物質總量極小化，才能得到最好的口感風味。

理想萃取率（Ideal Extraction Yield）落在 18～22%，如果低於該區間，我們稱作萃取不足（Under-extracted），咖

啡中部分美味精華物質被白白浪費，口感單薄不夠豐富；但若超過區間，我們稱作萃取過度（Overextracted），大量苦澀和其他不受歡迎的味道湧現，口感反而變差。

下表即列出影響萃取率的最主要變因，以及其與萃取率之間的關係。

表格所列的研磨程度、水溫等因素，都是我們製作咖啡時需要注意的細節。在沖泡烘焙度偏輕的精品咖啡時，建議萃取水溫（粉水結合時的水溫）

萃取度的主要影響因素

影響萃取率的因素	萃取程度越低	萃取程度越高
研磨程度	越粗	越細
萃取水溫	越低	越高
萃取時間	越短	越長
攪拌時間	越短	越長

為 91～94℃。當你不確定該如何調整沖泡水溫時，即可採用這個區間裡的水溫，應該不會有太大偏差。

此外，用不同器具製作咖啡，亦即使用不同的萃取方法（Different Brewing Method），攪拌的激烈程度便有所不同。其實縱使使用同一款咖啡器具，每人每次的動作之激烈程度也會不同，這些都會導致萃取度有所變化。例如使用法壓壺時，迅速往下壓與緩緩壓下是有區別的；使用虹吸壺沖泡時，攪拌棒的攪拌方式也是大有學問的。

咖啡飲品濃度（Strength）

有了上文對沖泡比例以及萃取率的介紹，我們可以推算出大部分情況下，一杯咖啡中可溶解物質總量約占 1.2～1.5%，剩餘的 98.5～98.8%則為水。

沖泡與萃取

萃取度（Extraction Yield）　　　飲品濃度（Strength）

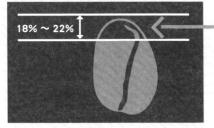

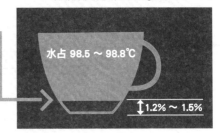

18%～22%　　水占 98.5～98.8℃　　1.2%～1.5%

萃取水溫（Extraction Temperature）：91～94℃

☕ 萃取品質（Extraction Quality）

現在我們已經知道如何萃取出「濃度適中」的咖啡，接下來要説説怎樣做出「風味出眾」的咖啡。顯然，適宜的濃度是保證風味出眾的重要前提，上文列舉的影響萃取度的若干要素（如研磨粗細度、萃取水溫、萃取時間、攪拌程度等）在此完全適用。我們不妨進一步思考：如何才能使每一粒咖啡粉都能獲得相對一致的萃取度？

如果每一粒咖啡粉彼此的萃取度差別太大，甚至有不少咖啡粉呈現過度萃取或萃取不足的現象，自然會嚴重扭曲整杯咖啡的風味口感。因此，保持萃取品質的關鍵便在於「萃取均衡度」（Uniformity Of Extraction），它主要探討的是每一粒咖啡粉是否獲得一致的萃取程度，也是咖啡最終風味與口感的堅實保證。做到了這點，才能讓香氣、味道與口感等都恰如其分，做出一杯完美的咖啡。

關乎萃取均衡度的因素很多，這邊將著重探討研磨粗細度是否均勻一致。對於大多數研磨結果來説，研磨顆粒的均勻度分布狀況（Ground Particle Size Distribution）都是一個紡錘形結構——絕大部分大小接近的顆粒居於紡錘中央，另有一部分較粗顆粒（boulders）和細粉（fines）分布於紡錘形兩端，後者的存在對於萃取具有負面影響。粗顆粒將導致萃取不足，往往帶來澀、淡或尖鋭的口感，而細粉更是會對萃取品質產生致命影響，使咖啡因萃取過度而變得混濁不堪，往往會有很重的苦味。也因此觀察細粉的多寡也是評價一台磨豆機好壞的方式之一。

☕ 義式 VS. 非義式咖啡（Espresso or Non-espresso）

在當前全球的咖啡產業中，義式咖啡是一個重要的咖啡類型。雖然受星巴克等全球連鎖品牌的影響，義式咖啡流派大行其道，很多原本使用壺具沖泡咖啡的咖啡館也經不起誘惑購置了義式咖啡機這種笨重的大機器。但在北美及日本等咖啡發達地區，「義式咖啡已死（Espresso is Dead）」的説法卻已被提出多年了。

使用壺具優雅地沖泡咖啡，品味黑咖啡的品種、產地、烘焙所帶來的個性風味，已是許多咖啡愛好者和咖啡店的新選擇。所幸 Espresso 等義式咖啡是一套自成技術體系的沖泡萃取流派，有其妙處和生命力，較無被取代的可能，後續我們也會特別針對義式咖啡作討論。上文描述的沖泡、萃取細節主要是針對非義式咖啡沖泡（Nonespresso Brewing），這一點要特別注意。

水質與咖啡

古人認為：「茶者水之神，水者茶之體，非真水莫顯其神，非精茶莫窺其體。」酷愛品茶的乾隆皇帝不惜花費人力財力，測量天下水的重量，最終欽定玉泉山的水為天下第一；被譽為「生命之水」的蘇格蘭威士忌也必須以未經污染的水製造。事實上，對於任何高檔飲品而言，水質都是不容忽視的重要環節。

萃取咖啡時，我們也同樣需要新鮮、無異味、酸鹼度適中、無污染的水。新鮮意味著水中富含氧氣，充滿活力。放置時間過長的水顯然不適合用來沖泡咖啡。溫水（熱水）因其含氧量較低，也不是萃取咖啡的首選，因此如果可以從冷水開始加熱，最好不要直接使用熱水，例如以虹吸壺煮咖啡時。

無異味是很好理解的重要條件。很多水質較差的城市不僅水中雜質多，含氯量也高，這導致氣味較重，對咖啡的口感影響甚大。咖啡館老闆、咖啡愛好者需要多花點精力在水質的處理上，才

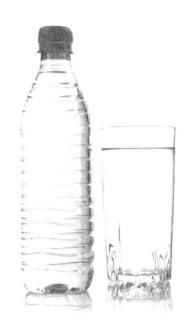

能保證水沒有異味。這樣的努力會比將萃取設備升級或改進萃取技術管用得多。

至於酸鹼度適中也非常好理解，用來沖泡咖啡的水最好是 pH 值 7 的中性水，不偏酸性，也不偏鹼性。

太純的水沖泡咖啡並不好喝

確保水質無污染是極為重要的，換

句話說，水質要純。但也要注意過猶不及。使用逆滲透（RO）純水設備過濾後的水及蒸餾水，都可以稱作「純水」，雖然符合無污染與無異味的條件，但也因為過於純淨，而會使萃取出來的咖啡口感強勁濃烈、單薄死板，欠缺豐富的口感與層次，整體風味並不好，因此不建議使用。咖啡專家建議，可溶解性物質總量（Total Dissolved Solids，簡稱 TDS）處於 150 ppm 左右的純淨度最適合用來沖泡咖啡。這樣保留了部分直徑小於 2μm 的固體物質，如鈣、鎂、鉀、鈉、碳酸根離子等，可確保萃取出來的咖啡滋味豐富。平常沖泡咖啡時，我喜歡將純水與無異味與污染的自來水按照

10：1 的比例混合使用，效果非常好。

萃取咖啡時，究竟該使用偏軟還是偏硬的水，這個問題始終存有爭議，很多人認為硬水中富含的礦物質（主要指鈣、鎂、鈉、鉀等離子，而非鉛等重金屬離子）不僅對身體有益無害，且是表現咖啡風味的重要載體，能讓咖啡口感豐富、更具層次感，有些人甚至會在萃取咖啡的水中人為添加少許食鹽，以增加礦物質含量。個人則認為，硬度介於 70 ～ 80 mg/L 的水最為適宜。

太硬的水容易損壞 Espersso 咖啡機

有一點需要特別注意，因為水中大部分鈣、鎂離子在加熱時，尤其是煮沸後都會形成沉澱物，所以若是使用咖啡機，應盡量避免使用太硬的水，以避免硬度大於 300 mg/L 的硬水造成沉澱物堆積，導致管線堵塞及生成會破壞鍋爐的水垢。因此，如果是在自來水質較差的城市，Espresso 咖啡機的用戶通常要一併購買淨水和軟水器，並安置在咖啡機的進水管線前，以維護咖啡品質和延長咖啡機壽命。

沖泡關鍵水溫

水溫與沖泡、萃取的關係非常緊密。它不僅會影響萃取程度，也影響萃取品質。理論上，在整個沖泡、萃取過程中，與咖啡粉接觸的熱水溫度應保持在 91 ～ 94℃，即所謂最佳萃取水溫（The Best Water Temperature Throughout Extraction）。若是低於該水溫區間，咖啡會呈現較明顯的酸澀味；高於該區間則會呈現較為明顯的焦苦味，這表示最恰當的萃取水溫應低於 100℃的沸點，也就是說，「煮咖啡」一詞在咖啡的專業體系內其實是個錯誤用語——好咖啡是不能用煮的。

當然，最佳萃取水溫只是一個理想範圍，實際操作中我們仍須考量其他因素。比如說，若咖啡豆烘焙得較深，那麼溫度應偏低；若咖啡豆烘焙得較淺，那麼最佳溫度應接近上限，甚至還可以比 94℃稍微高一些。結束萃取後的咖啡最佳溫度應落在 85℃左右，稱之為「最佳杯中溫度」。連鎖咖啡店 85℃的品牌名稱便是源自於此。

不管是哪一種方式沖泡出來的熱咖啡，沖泡後都應該趁熱飲用。因為隨著溫度迅速下降，酸味和雜味都會大量湧現。尤其對於一家咖啡店來說，縱使達成了「最佳杯中溫度」，還需要盡快將咖啡端到客人桌上，而客人端起咖啡飲用的最佳溫度應是 65 ～ 70℃，稱為「最佳飲用溫度」或「最佳觸唇溫度」。在日常生活中或工作時，我都會親自為朋友們做咖啡，當我看見朋友捨不得快速喝完時，總是會感到一陣焦急。

此外，在咖啡館裡喝咖啡時，如果杯子空了總叫人尷尬，而大部分咖啡館都還缺少體貼的「續杯方案」，所以很多顧客只好靦腆地殘留少許咖啡在杯中，任其慢慢變涼，這無疑是品嚐咖啡的大忌。喝完一杯熱咖啡時，最後一口咖啡的溫度不應低於 40℃，這即是「最佳結束溫度」或「最佳買單溫度」。

美味咖啡七大原則

想要獲得一杯好咖啡，我們需要把握以下幾個基本原則：

●原則一：經歷手選，挑出瑕疵豆

全球氣候暖化、天災頻繁以及施用農藥等問題，都是造成瑕疵豆比例居高不下的原因。透過對生豆及熟豆的手選，盡量挑揀出瑕疵豆，可以使咖啡口感更加純淨，更精確地表現真實風味，避免產生各種令人不悅的雜味。

●原則二：新鮮烘焙的咖啡豆

經歷烘焙後的短暫養豆期，咖啡豆的風味會達到顛峰。在妥善保存的前提下，前 2 週是咖啡熟豆的最新鮮期（萃取 Espresso 尤其需要新鮮的咖啡豆），前 6 週的咖啡豆都還算新鮮。一旦研磨成咖啡粉，有超過 50% 的風味會在 5 分鐘內逸散，也就是說，剛磨好的咖啡粉只有短短 5 分鐘的保鮮期，應在萃取前依照需求，即時定量研磨，做一杯咖啡即磨一杯的粉量，不要偷懶當然也不建議直接購買咖啡粉。

●原則三：正確且高水準研磨

正確的研磨粗細，必須按照咖啡熟豆的烘焙程度以及沖泡方法和設備來決定，讀者可以翻閱咖啡研磨章節重溫相關細節。「高水準」則意味著研磨均勻度要高，這是為了維持萃取的均衡度。

●原則四：沖泡水質好

沖泡咖啡時，最好使用新鮮且含氧量高、無異味、酸鹼度適中（pH 值接近 7）、無污染的偏軟性水（硬度為 70 ～ 80mg/L）。

●原則五：控制適宜的萃取水溫

理論上，沖泡與萃取過程中（咖啡豆烘焙程度按照 SCAA 標準落在 55 ～ 65），熱水與咖啡粉接觸的水溫應保持在 91 ～ 94℃，我們稱之為最佳萃取水溫。此溫度是個理想參考值，有經驗的人毋須照表操課。在實際應用中，可能會因為特定的沖泡器具，或因某款咖啡豆烘焙得偏深、研磨得較細等情況，而有較低的最佳萃取水溫，甚至達到 85 ～ 88℃。反之亦然。此外，需要注意的是，在正式沖泡前的一些前置作業勢必會消耗一些時間，室溫下的熱水也會有 3 ～ 4℃ 的自然降溫，這部分也得納入考量範圍。

●原則六：恰當粉水比和沖泡設備

沖泡咖啡前，我們要確定好粉水比，也就是多少咖啡要對應多少水。除了前文講述的粉水比例外，個人的口感喜好也是值得參考的重要標準，另外還有咖啡粉的額外吸水量也是需要納入考量的因素之一（1 g 咖啡粉可能會額外吸水 2 ～ 3 g）。此外，不同的沖泡設

備都有不同的特點，製作出來的咖啡自然也就千差萬別，有的純淨輕盈，有的濃郁豐富，有的平衡感好，有的層次分明。應該在掌握不同設備的沖泡要領後，經常反覆實驗、比較與嘗試，找到最佳的沖泡組合與設備。

● 原則七：精確而輕柔地沖泡

沖泡是個短暫的過程，也是充滿學問的技術。在咖啡粉與水接觸的短短數十秒或數分鐘內，溫度逐漸變化，咖啡豆的芳香油脂、咖啡因、苦澀物質等都會隨著時間依序被萃取出來。如何才能在最短時間內，達到目標的咖啡萃取度十分重要──必須盡可能取得更多咖啡中的精華，並減少無用物質的產生。

在此也要特別強調「輕柔」二字。記得小時候學騎自行車，起初兩隻手死死抓住龍頭，使勁全身力氣，卻始終無法控制自如，越是用力越是難掌握。後來知道了訣竅所在：一定要輕柔。溫柔地握住龍頭後果然頓時操控自如。其實沖泡咖啡也需要拿出那種

「治大國若烹小鮮」的溫柔感，沖泡過程中攪拌、下壓、注水等動作都要盡量和緩溫柔，如此才能馴服咖啡，得到滿意的味道。

在很多外國咖啡館裡，熟客們會直接走到吧台，指定某位咖啡師來沖泡，一邊享受咖啡一邊盡情聊天。因為每一位咖啡師都有自己的個性，沖泡出來的風味也千差萬別。從某個角度來看咖啡文化，就是一種彰顯個性的 DIY 文化，每一杯堪稱完美的咖啡背後都有一位同樣出色的咖啡師。照表操課所製作出來的咖啡也許好喝，卻未必精彩，因為它缺少了靈魂。我們必須秉持「我的咖啡我做主！」的精神，才能製作一杯自我風格十足的好咖啡。既符合專業原則，也有個人的特色。

炒鍋用久了會有難聞的油耗味，把濕咖啡渣放在鍋中炒乾，短短幾分鐘內即可去除鍋中異味。尤其適用於烹煮過海鮮，腥味很重的鐵鍋。

咖啡渣的妙用

收集並妥善處置咖啡渣，對於咖啡愛好者來說是件很有趣的事，我很樂意再增加一個篇幅來介紹他的妙用。

第一，用溫濕的咖啡渣來按摩身體，不僅可使肌膚光滑，還有緊緻肌膚、美容的功效。如果用咖啡渣調成溫熱液體，在容易囤積脂肪的小腹、大腿、腰臀等部位，沿著血液、淋巴和經脈方向按摩，則有助分解脂肪，沐浴時一邊按摩效果更好。

第二，由於咖啡渣有類似活性炭的效用，所以可以把咖啡渣曬乾後收集起來，放置到皮鞋裡，或鞋櫃、冰箱和廁所裡，能達到很好的除臭去味效果。

第三，把咖啡渣曬乾後裝入絲襪中，開口綁起來後用來擦地板，可使地板變得光亮，達到打蠟的效果。

第四，咖啡渣也是很好的天然肥料。有人認為咖啡渣不用曬乾，直接倒在盆栽的土壤上，有助花草生長。不過根據我的經驗，未曬乾的咖啡渣直接使用很容易發霉。建議與泥土按比例混合後使用，用來種花效果會更好。

第五，咖啡渣曬乾後鋪在菸灰缸裡，特別是汽車內的菸灰缸，咖啡的香味可以蓋過菸草的特殊氣味，也更容易熄滅菸蒂。所以在公共場所禁菸令實施以前，很多咖啡館的桌上菸灰缸裡都會有咖啡渣。

牛奶學問大

作為人類最古老的天然健康飲品，牛奶對人類貢獻之大難以計算。牛奶不僅包含了人體的必需營養物質——蛋白質（含人體需要的所有胺基酸），是補鈣的最佳管道之一，且其他礦物質含量也很豐富。牛奶是咖啡的最佳拍檔，因此有必要在這裡好好介紹一下。

☕ 全脂 VS. 脫脂牛奶

脂肪含量達到 3.0％的稱作全脂牛奶，低於 0.5％的叫作脫脂牛奶，介於兩者之間的則可以稱作半脫脂牛奶。很多人會問：製作咖啡時，究竟應該選擇全脂還是脫脂牛奶呢？我們可以從幾個方向來討論。

比較一：健康性。 我們無需對全脂牛奶過度恐懼，其實牛奶中的脂肪不會直接轉化為人體脂肪，還對脂溶性維生素的吸收有一定幫助。此外，牛奶中的維生素和很多健康物質都保存於脂肪內，飲用脫脂牛奶意味著無法得到這些益處。但就咖啡飲用對象主要為成年人而言，降低脂肪含量的脫脂牛奶會比全脂更加健康，這一點毋庸置疑。

比較二：打發容易度。 低脂牛奶比全脂更容易打發，奶泡也更加綿密。但低脂牛奶的奶泡起得快，消得也快，因此在持久性方面略輸全脂牛奶一籌。

比較三：香氣。 牛奶的大量美妙香氣成分都存留在乳脂裡，脫脂牛奶的香味勢必大打折扣。因此脫脂牛奶做出來的拿鐵咖啡，香氣會略顯單薄。

比較四：口感。 脫脂牛奶製作的拿鐵咖啡，在口感上較全脂牛奶遜色三分，少了香濃滑爽的口感，略顯單調平庸。

結論：咖啡玩家可以將全脂牛奶列為首選。大部分咖啡店也應以全脂牛奶為主要材料，但也可以適當準備些脫脂牛奶，在菜單上以小字註記：「本店可提供脫脂牛奶」，以滿足注重健康的顧客之需求。

另外也要注意季節性的問題，即使是同一品牌的同款牛奶，也會因季節

不同、奶牛飼料有異,而影響到分泌物和牛奶品質。尤其是將牛奶打發成奶泡時,這種差異更會表露無疑。

☕ 其它奶製品

除了牛奶以外,還有一些奶製品與咖啡關係不淺。

● 煉乳

最常見的一種乳製品,我們可以將其視為一種「濃縮甜奶」,它是新鮮牛奶蒸發濃縮後,與蔗糖混合精製而成的乳製品。由於甜度很高,可調和咖啡的苦味,所以被廣泛使用在咖啡的調製中,但添加時務必注意用量,稍有不慎便會使咖啡太過甜膩。建議各位讀者試著習慣使用調酒器進行精確的測量,這樣能較精準、穩定地維持咖啡口感。

● 優酪乳

以新鮮牛奶為原料,經過殺菌、發酵等步驟後做成的優酪乳是一種非常健康的乳製品。它不但保留了牛奶的所有優點,也更適合乳糖不耐症等特殊體質者。以優酪乳調製而成的咖啡,不僅有非常好的口感,同時也是很營養健康的飲品,廣受好評。有興趣的咖啡愛好者或咖啡店主不妨買一台優格機,只要倒入鮮奶和少許優酪乳,不消幾個小時便可以做出優酪乳,隨時可以享用美味的優酪乳咖啡。

● 植物性鮮奶油

鮮奶油是除牛奶外,最常被用來調製咖啡的的乳製品,因其質感蓬鬆、口感滑膩而備受喜愛。提到奶油一詞,大家可能會認為它是由牛奶中的脂肪成分提煉濃縮而成。事實上,調製咖啡常用的甜奶油是一種由植物油(如棕櫚油)、水、鹽、奶粉等加工而成的植脂奶油,一般呈固態,需要保存在零下的冷凍狀態中。奶油的基本使用方法如下:

第一步,取出保存在冷凍庫中的奶油,放置室溫下,30～50分鐘後奶油逐漸軟化成液態,將其倒入容器中。

第二步,用電動打蛋器低速攪拌至起泡(攪拌方向需維持一致),可以加入適量白砂糖或香草粉。

第三步,用電動打蛋器繼續中速攪拌,打成一般常見的奶油狀。此時應呈現蓬鬆、有光澤的可塑性花紋。

第四步,將打發好的鮮奶油填裝入擠花袋(奶油袋)中,塞住花嘴,填裝口綁緊,即可放入冰箱裡冷藏儲存。

第五步,需要使用鮮奶油時,一手

握住擠花袋前端，另一手扶住後面。前方控制方向，後方輕輕擠壓，將奶油緩緩從尖嘴處均勻擠出。同時，順時針沿著杯壁擠上一圈，再持續由外往內順時針一層層往中心處擠，直到將杯口徹底封住即可。

另外還有一種奶油槍較適合一般使用者，可以省去人工打發的程序，不過成本當然也高了不少，做出來的鮮奶油品質也沒有手動打發那麼高。

● **動物性鮮奶油**

除了植物性鮮奶油以外，動物性鮮奶油也很常見。常用的動物性鮮奶油都是沒有加糖的，作為一種高級原料，常被用在濃湯等西餐的製作上，用在咖啡調製中並不多見，卻是許多創意咖啡師的寵兒，用來調製某些咖啡飲品口感非常出色。

2015 年世界咖啡師大賽北京賽區現場

製作奶泡

在製作咖啡飲品時，我們不僅需要牛奶，還可能需要使用牛奶的加工品——奶泡。將乾燥熱空氣以一定的強度注入牛奶中，並使牛奶旋轉起來，注入的氣泡就會在旋轉過程中均勻碰撞成大量的小氣泡（micro-foam），綿密的奶泡就此形成。

濕奶泡與乾奶泡

牛奶打發成奶泡後，有兩種形態：一種體積些微膨脹、質地較綿密勻實，稱之為濕奶泡或打發式奶泡，是製作拉花所需要的奶泡狀態。要打發出這種效果必須花時間練習，根據我平常的培訓經驗，手巧者 30 ～ 40 分鐘就能成功，程度一般的學員最多也只要 2 小時就能大致掌握技巧。

另一種奶泡是體積劇烈膨脹，細看會發現有大量微小氣泡將整個牛奶撐起，稱之為乾奶泡或蒸汽式奶泡。以這種奶泡製作咖啡，容易消泡，樣式較死硬，口感也不佳，只適合做些簡單的裝飾。

打發奶泡的方法

製作一杯合格的卡布奇諾既需要濕奶泡，也需要乾奶泡。以下即以卡布奇

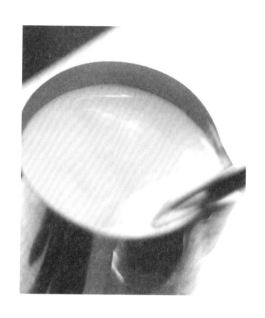

諾為例，説明如何以 Espresso 咖啡機的蒸汽噴嘴打發奶泡。

第一步，選擇一個容量約為 700 ml 潔淨乾燥、無異味的不鏽鋼拉花杯。雖然現在有不少透明隔熱塑膠拉花杯，但感受不到缸壁的溫度，所以並不實用。

第二步，在拉花杯中倒入冷的鮮奶（較低的溫度可確保有充足的打發時間），大約倒至拉花杯總容量的 1/3 至 2/5。

第三步，提前打開蒸汽噴嘴數秒，將最前端的水氣放掉，以免破壞牛奶的口感。這一步很容易被初學者忽略，導致拿鐵入口後口感水水的。

第四步，將蒸汽噴嘴前段放入牛奶中，大約 2 cm 為宜。此時要注意蒸汽噴嘴與鮮奶表面及拉花杯壁之間的角度，可以先想像一下開始打發時，蒸汽

帶動牛奶的旋轉狀態。

第五步，完全打開蒸汽噴嘴。如果牛奶表面劇烈翻滾，形成大的泡沫，並發出尖銳的聲響，表示噴嘴太靠近表面，只是對牛奶表面吹氣而已。應將蒸汽噴嘴往牛奶深處稍微移動一點，直到發出細碎、連續的「擦擦擦」聲。此時整個拉花杯中的牛奶應該呈現大規模橫向、縱向或斜向翻滾，空氣在此過程中，密集又有節奏地被注入牛奶中，「打發」與「打綿」作用齊頭並進。

第六步，隨著奶面逐漸上升，我們需要不斷微調蒸汽噴嘴的高低位置，始終保持製造氣泡的狀態，直到牛奶體積膨脹一倍左右。需要注意的是，我們應該透過握住拉花杯的手，好好感受杯中牛奶溫度的變化，整個操作結束時牛奶溫度不應超過 70℃。

對溫度較不敏銳的人可以這樣判斷：從杯壁傳導出來的溫度已經很熱，並即將達到燙手與可承受的臨界邊緣時，代表達到剛剛好的溫度。這樣的直覺判斷法正是一般專業咖啡師的小撇步，讀者在試做時也可以同時在拉花杯中插入一支溫度計輔助觀察。

專業的咖啡人士通常會依據打發後牛奶的溫度來判斷奶泡是否製作成功，超過 70℃的牛奶會損失大半的香氣，奶香與咖啡香的結合非常沉鬱死板，不可能有很好的口感。也是因為這樣，多數咖啡店

的卡布奇諾或拿鐵在我看來都燙得無法入口，也根本不會有什麼好的口感。

第七步，快速關閉蒸汽噴嘴，並保持奶面光潔、綿密。如果奶泡打發得好，應該是一杯近似鏡面般會反光的奶泡，而不會出現任何大泡泡。這樣的境界需要練習一段時間才能達到，牛奶的品質也有一定影響。

第八步，打發完成後，可以端著拉花杯在操作檯上輕輕垂直敲打幾下，使奶泡質地更加綿密紮實。再用湯匙刮去奶泡表面殘留的大泡泡，握著拉花杯逆時針輕微轉動幾圈，即可進入令人興奮的牛奶拉花程序。正常情況下，一杯打好的奶泡可以做兩杯 180 ～ 200 ml 的卡布奇諾咖啡。

此外，如果只是要製作拿鐵咖啡，只需將蒸汽噴嘴深入到牛奶中接近拉花杯底的位置，再打開蒸汽噴嘴即可進行加熱操作。拿鐵咖啡所需要的技術遠不如卡布奇諾，口感也較為淺薄，缺少卡布奇諾的融合、質感和張力。

家中沒有咖啡機的人，可使用手動奶泡器來製作奶泡。如果連手動奶泡器也沒有，則可使用常見的平底鍋煮牛奶，再用打蛋器不斷攪拌混入空氣，多練習與實驗幾次，也能做出不錯的奶泡。當然，建議不要讓牛奶溫度過高，甚至加熱到沸騰狀態。

牛奶拉花藝術

花式咖啡主要包括三種形式:拉花、雕花和印花。印花是利用模具輔助,將可可粉、肉桂粉等倒在咖啡表面以呈現出圖案,不需要技術。拉花和雕花統稱為牛奶拉花藝術(Latte Art),前者是在濃縮咖啡中倒入熱牛奶,透過抖動手腕等動作「拉」出圖案,後者則是借助巧克力醬等佐料以及牙籤、調酒棒等工具做出雕刻。拉花屬基礎技術;雕花則是輔助,考驗的是創意。

拉花需要大量練習,是許多咖啡師日復一日練習而成的「看家絕技」。如何提高速度、創造花樣、改進細節、提升美感等,也是拉花大師們不斷鑽研的課題。

拉花五大步驟

第一步,首先需要一個帶尖嘴的拉花杯和約 8 盎司(240 ml)的圓口咖啡杯,並準備一杯出色的 Espresso,才能打發出綿密厚實的奶泡。Espresso 最好是以義式咖啡機做成的,因為咖啡油脂的豐富度和拉花成功與否密切相關,Espresso 的相關知識請參閱本書第四章。

第二步,練習抖動手腕,可以先用清水代替牛奶。再練習精準控制流量和流向,這時依然用清水代替牛奶、醬油代替咖啡。將咖啡渣加水更能模擬濃縮咖啡的質感。

第三步,練習基本圖案至熟練。愛心和樹葉是最基本的兩種拉花圖案。

第四步,使用真的牛奶和咖啡,進行基本圖案的拉花練習。

第五步,接下來就要對技術精益求精,並有所創新了。先萃取一杯 Espresso,一隻手握住咖啡杯,杯口微微向內傾斜,另一隻手拿著裝有奶泡的拉花杯。拉花杯高度約離咖啡杯 10 cm,且杯體微微傾斜,尖嘴向前對著咖啡杯。接下來即可開始進行拉花。

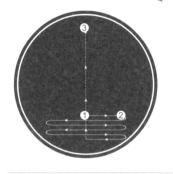

1. 將牛奶緩緩注入咖啡中，注意控制好高度，不要破壞表面的咖啡油脂。牛奶的注入點決定了圖案大小和基本位置，這邊牛奶的注入點，約為杯子中心點稍微偏後一點。

2. 杯中咖啡與牛奶接近 2/3 容量時，注入點四周會出現一團不規則的「白色棉花」。此時放低拉花杯並往後拖至咖啡杯邊緣上方，將生成的「白色棉花團」往前「推」出去，形成一個圓形圖案。

3. 開始在原處輕微抖動手腕，左右擺動拉花杯，製造出一層層纖細的線條，並一層一層水波紋般向外推動成形。此時一個多層的同心圓圖案已經大致出現。

4. 咖啡杯逐漸擺正，同時將拉花杯往杯子前端移動，使注入的牛奶從同心圓中心點切過去，一直延續到咖啡杯緣前端，即可停止傾倒牛奶。心形圖案就此形成。

樹葉拉花的基本步驟

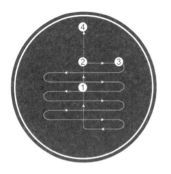

1. 將牛奶緩緩注入咖啡中，注意控制好高度，不要破壞表面的咖啡油脂。牛奶的注入點決定了圖案大小和基本位置，這邊的牛奶注入點，正好是杯子中心點。

2. 當杯中咖啡與牛奶接近 2/3 容量時，將拉花杯略往咖啡杯前端移動並降低些許高度，使注入點前移。同時開始慢慢將咖啡杯放正。

3. 開始在原處抖動手腕，左右擺動拉花杯，做出弧形線條並一層一層水波紋般向外推動成形。

4. 將拉花杯一邊左右晃動一邊往杯子後端移動，抵達咖啡杯後端邊緣後即停止晃動，並重新向前提起收尾，咖啡杯此時正好完全擺正。

調製飲品小道具

　　為了更好地調製咖啡飲品，除了基本的咖啡機、磨豆機及各種咖啡壺具外，還需要準備一些常用工具。以下針對這些工具做詳細介紹：

●量勺

塑膠質地的量勺既可以用來量取咖啡豆，也可以用來舀取咖啡粉。

●擠花袋（帶花嘴）

擠花袋又叫奶油袋，是用來儲存和擠出鮮奶油的袋狀物。

●冰淇淋勺

不銹鋼質地的冰淇淋勺，可以用來舀取一球球的冰淇淋。

●雪克杯

又叫搖搖杯、調酒杯，是製作飲品常會用到的不銹鋼容器。將各種液體或材料放入其中，蓋上蓋子用力搖晃，即可達到拌勻、起泡的效果。雪克杯也有不同容量大小，建議購買一大一小較為合適。雖然市面上有透明塑膠材質的雪克杯，但實用性不高。

●調酒棒

一種外形細長的不銹鋼器物，一頭為小湯匙，可用來攪拌；另一頭為細長的叉形，可用來叉取物體；中間的長柄則為扭曲狀，可以用來引流液體。

●冰鏟

用來從製冰機裡鏟取冰塊。

●冰夾

不銹鋼冰夾可用來夾
取冰塊等,夾口處通常帶有鋸
齒,可以防止物品滑落。

●刀子

有刀尖、帶鋸齒的刀具,經常派得上
用場,是調製咖啡必不可少的工具。

●量酒器

又叫盎司杯,是可精確量取液體的必備工
具,1盎司約為 30 ml。一般市售的量酒器
有不銹鋼和透明塑膠兩種材質,分為大小
兩種型號,都需要購買。大號量酒器兩頭
分別為 1 盎司(約 30 ml)和 1.5 盎司(約
45 ml);小號量酒器兩頭則分別為 1 盎司
(約 30 ml)和 0.5 盎司(約 15 ml)。不
使用量酒器量取,而直接憑感覺將液體材
料倒入杯中調製咖啡是非常不專業的做法。

●冰桶

不鏽鋼冰桶不僅
可以用來盛裝冰
塊,還能進行冰
鎮、傾倒等操作。

●電子秤

一台高精準度的電子秤可以進行各
種量取工作。

●皇家咖啡匙

不銹鋼質地的皇家咖啡匙可以用來
橫置於杯中,上面放置以白蘭地浸
濕的方糖並點燃,以做成帶有白蘭
地的皇家咖啡,也可以用來製作各
種創意咖啡。

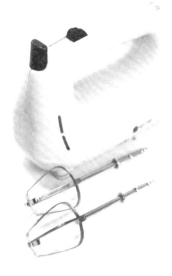

●打蛋器

不管是手動還是電動打蛋器，都可以用來進行攪拌操作。

●手動奶泡器

是一種類似拉花杯的不銹鋼製品，專門用來打發調製冰咖啡的奶泡。雖然效率不如直接用蒸汽噴嘴來得高，但可以做出非常綿密的低溫奶泡，尤其適合專業人士以外的一般愛好者使用。

●量杯

玻璃量杯可以用來量取各種液體，屬必備道具。

●拉花杯（拉花缸）

不銹鋼質地的拉花杯，不僅可以用在打發牛奶及牛奶拉花的操作上，還常用來裝盛其他調製咖啡的飲品。

●毛刷

用來清除磨豆機中殘留的咖啡粉。

咖啡調味品

☕ 常用咖啡糖

同樣一杯黑咖啡，配上不同的糖就會有截然不同的風味。其中，白糖、方糖、白砂糖、冰糖和黃砂糖是最常見的幾種。

●白糖

無雜質，味道純淨，低甜度，易溶解。

●方糖

由白糖製作而成，溶解效率比白糖略低，但質感好，適宜調配飲品。

●白砂糖

不易溶解，口感溫潤，易結塊。

●冰糖

是白砂糖的結晶再製品，味道最為純淨，這既是優點也是缺點，有些人會覺得冰糖的味道不夠豐富。但是按照中醫觀點，冰糖性平，入肺、脾經，有補中益氣、和胃潤肺、止咳等功效，對於咖啡恰是很好的補益。

●黃砂糖

又叫粗糖或黃糖，是以甘蔗為原料的再製品，溶解度較低。黃砂糖不僅顏色較深（熬煮的時間越長顏色越深），更帶有一點焦糖味。甜度很高，醇度也高，在甜味之外具有與眾不同的獨特風味。有些咖啡愛好者還會特別研究什麼口味的咖啡適合搭配黃砂糖。

☕ 風味糖漿

調製創意咖啡有很多種方式，果露糖漿便是其中一種。目前市面上能夠買到的進口品牌很多，每一個品牌都有十幾種甚至幾十種不同風味。在選購糖漿時，應注意是否純天然，或有無含防腐劑和其他添加劑，風味是否能真實呈現該水果或植物的特色，以及是用來製作熱飲或冷飲的糖漿。

風味糖漿還分為熱飲糖漿和冷飲糖漿。調製熱咖啡時，經常會用到焦糖、榛果、香草、薰衣草、玫瑰等風味的糖漿，製作冰咖啡時則常用到綠薄荷、奇異果、百香果、芒果、草莓、黑醋栗等口味。雖然優質的糖漿都會採用高溫滅

菌等技術來保留水果原料或濃縮果汁的風味，但絕對不適合濫用。偶爾在特色咖啡中添加少許糖漿能增添風味與創意，但加多了卻會嚴重破壞口感。

巧克力醬

巧克力醬是調製摩卡等飲品不可或缺的調味品，能賦予咖啡難以抵擋的魅力。但需要注意的是，市售巧克力醬甜度都很高，需控制用量以免適得其反。

紅茶

常聽人說紅茶最百搭，自然也是咖啡的絕佳拍檔。荷蘭人早在 17 世紀上半葉便開始飲用紅茶，數十年後英國人開始「跟風」學會飲茶，尤其是到 1662 年西班牙公主凱薩琳嫁入英國王室後，貴族們開始爭相效仿公主在紅茶中加糖的習慣，紅茶文化於是日漸興起。

調製各式創意咖啡和奶茶最常使用的，除了立頓紅茶外，便是印度的阿薩姆紅茶。1923 年英國人在印度阿薩姆地區發現此種紅茶，其特色是口感濃郁醇厚又不失甜美。為了能更方便且快速調製飲品，一般會將紅茶以機器揉切乾燥，製成容易萃取出茶水的顆粒狀，這樣的製茶工藝稱作 CTC 機械製法。而後阿薩姆 CTC 也成為咖啡館的常備調味品之一。

每年 5～6 月份採摘的印度大吉嶺紅茶也是調製美味咖啡的上等之選。據傳這個被譽為「紅茶之王」與「茶之香檳」的高檔茗茶源自中國福建武夷山，目前由印度大吉嶺地區 87 座雲霧翻湧的高山茶園生產。它芳香高貴、果香濃郁、甜美絕倫，且澀味少，可以加在單品咖啡中飲用。

除此之外還有優質的斯里蘭卡烏瓦紅茶，濃郁花香中帶有些許薄荷的清爽香氣，也是調製咖啡的絕佳選擇。

如何調製冰咖啡

製作冰咖啡

首先要學會如何製作一杯冰黑咖啡：將萃取好的 Espresso 與適量冰塊混合後，在雪克杯中迅速混合降溫。這是最常用的方法，可保留較為完整的香氣，色澤澄清透亮，稱作「內縮法」。需要較大量的冰咖啡時，也可以添加適量的水混合攪拌。

若想要製作濃度較高的冰黑咖啡，則不能使用內縮法，而要將萃取好的 Espresso 倒入雪克杯中，再將雪克杯埋入裝滿冰塊的冰桶裡，稱作「外縮法」。

除上述兩種常見方法外，還可以將適量咖啡粉與清水（可以是冷水）在大號雪克杯中充分混合後，將密封好的雪克杯放入冰箱中冷藏 24 小時，隨後再取出過濾使用，此為「混合法」。這種方法較費時，但製作出來的冰咖啡口感豐富且有層次感，是一種以時間換取風味的做法。

最後一種方法是採用「冰滴咖啡壺」來製作，完成後再將其放入冰箱中存放，這種冰咖啡製作過程繁瑣，但口感純淨輕盈。正因如此，與某些調味品、飲品較難搭配，所以較少使用，不妨稱之為「冰滴法」。

如何做出分層效果

漂亮的分層效果是很多冰咖啡的「賣點」。想要做出完美的分層，不僅得熟知各種液體的比重大小，還要深諳靈活變通之道。比如說，可以加點糖來提高某些液體的濃度，好讓其他液體可停留在上層等。

「引流」和「緩衝」是在調製分層咖啡時會用到的兩種液體注入技巧。前者是將調酒棒底端放置在需要倒入的液體表面，再借助細長的調酒棒長柄，將

引流　　　　　　緩衝

液體緩緩注入。後者是將調酒棒的湯匙一端傾斜放置於液體表面，再將液體緩緩倒入，借此大幅減少衝擊力，注入的液體會在此水平面上緩緩逸散，而不會破壞到下層液體。

黑咖啡與花式咖啡

　　將咖啡分成黑咖啡（Black Coffee）與花式咖啡（Fancy Coffee Drinks）兩種，是不甚嚴謹卻最簡單易行的分類法，也是最易被廣大咖啡愛好者所接受的分法。

　　黑咖啡可以用來泛指所有萃取後未添加任何調味品的純咖啡，也就是所謂的「清咖啡」。「清咖啡」一詞來歷不詳，與技術流派、品鑑技巧或萃取方法皆無關聯，可以將它看成是一種口味純粹的飲品。與花式咖啡相比，黑咖啡更講究萃取和品鑑技巧，在某些專業人士看來，只有黑咖啡才能被稱作是真正的咖啡，花式咖啡不過是特調飲料罷了。

　　在不同的國家或地區，消費者心中定義的黑咖啡可能會有所不同。在歐洲，尤其是義大利等咖啡文化高度發展的國家，人們所認定的黑咖啡大多是指一杯精巧醇厚的 Espresso，即約 1～2 盎司的義式濃縮咖啡。而在歐洲某些國家，一般家庭所飲用的黑咖啡，往往指的是以摩卡壺煮出來的濃咖啡，口感雖不及 Espresso 那般濃郁飽滿，卻也非常有質感。某次我在一位法國朋友家裡做客時，請友人為我製作一杯黑咖啡，當時得到的則是一杯以半自動咖啡機萃取的黑咖啡，對友人而言那即是 Espresso。

　　若是在美國，黑咖啡毫無疑問指的是一大杯美式咖啡，尤其是用美式咖啡機滴濾出來的那種咖啡，容量可能會超過 10 盎司，用來解渴最好不過。如果在某個咖啡原產地，黑咖啡則往往是當地的單品黑咖啡，製作器具就五花八門了，可能是手沖壺，也可能是摩卡壺，還可能是法壓壺等。而如果是中國多數城市的咖啡館，由於受星巴克等連鎖咖啡店影響極深，多數消費者心中所定義的黑咖啡，一定是 Espresso 兌上數倍熱水稀釋而成的美式黑咖啡（Americano）。

　　黑咖啡還有章法可循，花式咖啡的世界就五花八門了，任何黑咖啡只要加

了調味品或其他飲品，都能算是花式咖啡。凡是在咖啡中添加牛奶、奶泡、奶油、煉乳、糖、巧克力、酒水、茶等，都可稱作花式咖啡。

雖然在種類繁多的花式咖啡中，也有不少眾所皆知的經典咖啡，如卡布奇諾、拿鐵、康寶藍、瑪琪朵、摩卡、皇家、愛爾蘭等，但更多的花式咖啡卻應該歸為「創意咖啡」，至於其口感風味究竟會帶飲用者「上天堂」還是「下地獄」就不好說了。

也因為如此，我習慣將花式咖啡分為「經典咖啡」與「創意咖啡」兩大類。也有很多專業人士會將加了酒的花式咖啡歸為雞尾酒飲品，如愛爾蘭、皇家咖啡等。

黑咖啡帶有內斂含蓄的風味

本書最後一章所介紹的咖啡飲品，大多可歸類為花式咖啡，創意咖啡更是占了多半。至於口感如何，就任由大家評分吧。

美酒加咖啡

「美酒加咖啡，我只要喝一杯。想起了過去，又喝了第二杯……我要美酒加咖啡，一杯再一杯……」美酒與咖啡是令人魂牽夢縈的創意搭配，現在就好好了解一下咖啡的常用調味酒吧。

 威士忌

威士忌酒（Whisky）是以大麥、小麥、黑麥等穀物為原料，經發酵、蒸餾

後釀成的。一個出色的酒吧或咖啡館都會在威士忌的選擇上下一番功夫，但用來調製咖啡的威士忌則不需要那麼講究。

除了蘇格蘭和愛爾蘭的威士忌以外，世界上還有許多國家和地區都有生產威士忌的酒廠。最有名的調酒咖啡便是愛爾蘭威士忌與咖啡調配而成的愛爾蘭咖啡（Irish Coffee），入口後會留有愛爾蘭威士忌特有的花香及果香。咖啡館常見的威士忌品牌有：尊美醇愛爾

蘭威士忌（Jameson Irish Whiskey）、百齡罈（Ballantine's）、蘇格蘭起瓦士（Chivas Regal）、約翰走路紅牌（Johnnie Walker Red Label）、約翰走路黑牌（Johnnie Walker Black Label）、威雀（The Famous Grouse）、傑克丹尼爾（JACK DANIELS）。

白蘭地

白蘭地是葡萄或其他水果發酵、蒸餾而成的烈酒，世界各國都有出產，以法國的白蘭地為佳，其中又以法國西南部夏朗德河岸邊干邑地區出產的白蘭地（Cognac Brandy）品質最好。

除了調製皇家咖啡外，白蘭地還可以調製許多美味咖啡。有些咖啡師和調酒師認為，白蘭地與咖啡、果汁、檸檬汁、蘇打水等都是絕配。咖啡館常見的白蘭地品牌有：軒尼詩（Hennessy）、人頭馬（Remy martin）、馬特爾（Martel）、法國拿破崙（Courvoisier）。

琴酒

琴酒（Gin）又叫杜松子酒，最先由荷蘭生產，在英國大量生產後聞名於世，是世界第一大類烈酒。琴酒是以大麥芽與裸麥等為原料，發酵後經過三次蒸餾製成穀物原酒，再加入杜松子香料後蒸餾精製而成的酒。口感柔軟冰爽，芬芳誘人，適合用來調配一些特色咖啡。咖啡館常見的琴酒品牌有：高登琴酒（Gordon's Gin），英人牌琴酒（Beefeater Gin）。

蘭姆酒

蘭姆酒（Rum）是以蔗糖為原料所製成的酒，先將甘蔗製成糖蜜後再經發酵、蒸餾，在橡木桶中儲存多年而成。蘭姆酒以古巴蘭姆為最佳。酒齡短的蘭姆酒具有甘蔗、鳳梨、檸檬等誘人果香，再加上少許咖啡甜酒作為媒介，非常適合與咖啡調配成飲品。咖啡館常見的蘭姆酒品牌有：百加得蘭姆酒（Bacardi）、哈瓦那俱樂部（Havana Club）。

伏特加

「伏特加」由俄語的「水」一詞衍生而來，是以小麥、黑麥、大麥、玉米等原料釀造而成的酒。俄羅斯、瑞典、德國、美國、英國、日本等國都有生產品質良好的伏特加。

伏特加無色、無香，口感非常清冽純粹，不僅可以調製馬丁尼、螺絲起子、血腥瑪麗等知名雞尾酒，也能與咖啡混合調配成各種冰飲。倒在玻璃高腳杯裡，高貴中透著一股冷酷氣息。咖啡館常見的伏特加品牌有：美國晴空伏特加（Skyy）、瑞典絕對伏特加（Absolute）、法國灰雁伏特加（Grey Goose）。

龍舌蘭

龍舌蘭（Tequila）產於墨西哥，它的原料是屬於仙人掌類的龍舌蘭，有時能在橡木桶中陳放數年。龍舌蘭的酒精含量大多在 35 ～ 55%，生產國通常會將度數較低的外銷，度數較高的內銷。少數咖啡師喜歡把龍舌蘭混合果汁、咖啡甜酒、君度酒、咖啡等，調製成特色飲品。咖啡館常見的龍舌蘭品牌有：雷博士（Pepe Lopez）、奧美加（Olmeca）。

chapter4
咖啡鑑賞學

享受咖啡的美好是我們的最終目的，雖然有些人醉心於種植、採摘、烘焙、研磨、沖泡等製作過程，但大多數人還是最享受品嚐咖啡所帶來的幸福感，這也正是咖啡的價值所在。

　　本章節有很重要的意義，咖啡不僅有其文化背景且自成一套技術系統，也有自己的精神內涵、品鑑邏輯與價值訴求，真心愛咖啡、懂咖啡、享受咖啡，並將咖啡之趣帶到日常生活中，才是最重要的。而這一切，都必須奠基於大量的咖啡基礎知識上。因此請在本章的咖啡鑑賞學中，一步步愛上咖啡、瞭解咖啡、享受咖啡吧！

咖啡鑑賞

何謂「鑑賞」？先要辨別，再而賞識，最後才是猶如對待藝術品般欣賞其趣，享受其妙。咖啡鑑賞學（The Art and Science of Coffee Appreciation）是專為享受咖啡之美而存在的一門學問，既是我多年來的心得，也是對咖啡專業理論體系的解讀，更是身邊諸多咖啡同好們的經驗歸納。

解讀一杯咖啡的完整生命歷程是咖啡鑑賞學的基礎。在本書第二章，我們已從咖啡樹的品種開始，談論涵蓋咖啡產地環境、種植管理、採摘、加工處理、生豆手選等方面的咖啡知識。這些因素之間並不只有簡單的相加關係，更有加乘的緊密效果，任何環節的缺失都會帶來不可逆的結果，其背後的廣大知識終生學之不盡。這些與大自然有關的先天條件之重點，在於「創造」，它展現了咖啡健康、原始、純潔、陽光的一面，也是我們熱愛咖啡之源。

本書第三章則從咖啡豆的烘焙開始介紹，再到後面的包裝、儲存、研磨等程序。當我們開始沖泡咖啡，並萃取咖啡中的精華，這一連串嚴謹而令人愉悅的動作都是為了不暴殄天物，為了感謝大自然的恩賜，並使咖啡之美味真實純粹地展現出來。也因此所有技術環節都得花費大量時間去學習。

咖啡鑑賞步驟

基本步驟	分析對象
看	咖啡的顏色外觀、搭配形式以及視覺效果
聞	咖啡的香氣
嚐	咖啡味覺（化學刺激）與口感（物理刺激）

現在，終於到了享受咖啡之美的時候了！這是咖啡文化的核心與高潮，大致可分為兩部分介紹：咖啡鑑賞之「步驟」與「流派」。

首先，我們要瞭解如何從視覺、嗅覺、味覺三種感官，與咖啡進行「親密接觸」。學會如何盡情感受咖啡之美至關重要，卻往往是最容易被忽略的環結。我經常看到一些菸不離手的朋友在大談咖啡的沖泡與萃取技術，其實與其精進技術，不如戒菸以增強對咖啡的感官分析能力，會更有助益。在我所開設的諸多咖啡店裡，向來不建議咖啡師抽菸喝酒，因為一旦感官敏銳度受到損傷，將大大影響自己在咖啡上的專業。

☕ 咖啡四大鑑賞流派

我始終認為，無論是否具備任何咖啡技巧與技術，只要能感受到咖啡為自己帶來的樂趣，就是在享受咖啡的美好與妙趣。事實上，越是重視技巧、技術，往往越不親民，容易讓人感覺拒人於千里之外。咖啡文化之所以能立足世界，正是因為飲用咖啡並不需要什麼專業技術，咖啡職人在廣大的咖啡世界裡始終只是極少數族群而已。

我們可以將咖啡的鑑賞流派分為四大類。第一類是絕大多數的咖啡飲用者，分布在全世界各個角落。他們所理解的

咖啡醇香提神、充滿活力、優雅快樂、勇往直前，不受規則所約束，門檻低而令人感到親近隨和。他們是「咖啡的多數愛好者」，也是最可愛的咖啡人。

這些多數愛好者也會不斷變化，其中有不少蠢蠢欲動的人們，渴望從咖啡中尋求更多力量、樂趣、知識或財富。他們試圖深入鑽研，尋找更多關於咖啡的奧義，例如星巴克的創始人霍華德‧舒爾茨先生等。

Espresso 和 Non-espresso 也被廣泛地歸納為兩大類咖啡鑑賞流派。前者稱

作義式咖啡，是一種自成體系、發展迅速、與科技緊密結合且富含創意的咖啡類型，因能以機器快速且標準化地加壓萃取出咖啡的精華風味，在今日咖啡的世界版圖中佔有重要地位，也是咖啡帝國中創業者們的最大寵兒。

Non-espresso 則被直譯為「非義式咖啡」，泛指各種以非電動器具，單純靠人們雙手沖泡而成的咖啡，也被稱作「手工咖啡」、「手沖咖啡」或「濾泡式咖啡（Brewing Coffee）」。此種咖啡由於主要以滴濾設備製作而成，所以也有人稱之為「滴濾式咖啡（Brewed Coffee）」。其濃度一般低於 2%。手工咖啡並未限制該使用何種豆子，但大多會使用某個特定產地的「單品咖啡」（Single Original Coffee），以展現地方特色與人文情懷。

濾泡式咖啡雖小眾，地位卻屬咖啡世界裡的金字塔頂端，因為它格調高雅、趣味性強、強調咖啡本身的個性。近年隨著精品咖啡的概念日漸深入人心，這種如品茶般的品咖啡文化益發興盛，有與義式咖啡相互競爭的態勢。

除此之外，古老的土耳其咖啡憑藉其獨具一格的沖泡方法、器具設備、鑑賞追求、歷史文化以及頑強的生命力，而成為第四類咖啡鑑賞流派。雖然難以在世界各地一夕竄紅，但仍有一群人始終默默守護著它的地位。

以上所描述的咖啡鑑賞學，只是一扇引領初學者進入咖啡世界核心的門，並不代表咖啡世界的一切。隨著科技發展及人們對咖啡有更深入的理解，有更多咖啡沖泡技術、設備和方法都正在不斷被發明與創造。過去我們對咖啡的理解，也正不斷接受挑戰，並逐漸修正與進步。我們所面對的是一個每天都在進化的咖啡世界，這也是咖啡學問的樂趣之一。

咖啡鑑賞流派

咖啡鑑賞流派	特點
咖啡的多數愛好者	不重技術，只在乎咖啡的香醇誘人，充滿活力。
義式咖啡	高壓萃取，口感均衡醇厚，創意多變。
濾泡式咖啡	手工沖泡。往往使用單品咖啡豆，追求特定品種與環境結合產生的個性風味。
土耳其咖啡	獨樹一幟，歷史悠久，味道豐富。

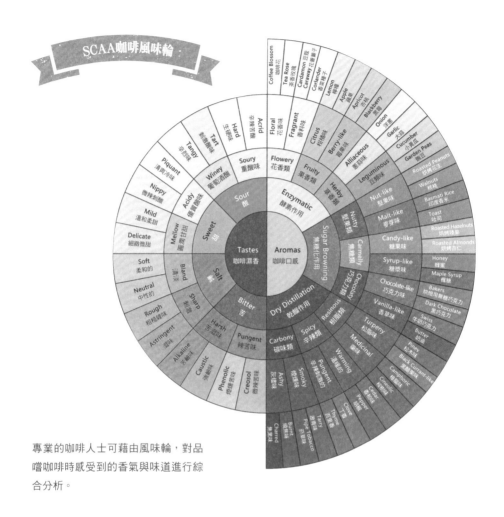

專業的咖啡人士可藉由風味輪,對品
嚐咖啡時感受到的香氣與味道進行綜
合分析。

多數愛好者眼中的咖啡

在美國大陸最南端——佛羅里達群島的基偉斯特(Key West),日落映紅了墨西哥灣,熱情的邁阿密人坐在咖啡館旁的椰林下,一邊啜飲咖啡一邊享受人生……對多數咖啡愛好者而言,這一幕飲用咖啡的場景是如此平凡,卻能為他們帶來快樂恬靜的感受,卻也正是他們熱愛咖啡的真諦。

☕ 咖啡因興奮提神而生

首先，咖啡最初登上歷史的舞臺就是因為其具有提神、興奮的功效。直到今天，大部分咖啡飲用者仍只是為了這一單純目的，要他們深入品嚐咖啡的風味與口感，一則恐怕無暇顧及，二則不一定有此心情和能力。對於長期菸不離手的吸菸者、酗酒者、嚼檳榔的人、嗜辣的饕客等特定族群，要他們去品鑑咖啡的風味與口感更是不容易，將咖啡當作解渴、提神之用還比較實際。

☕ 咖啡因豐富多彩而美

為了提神而飲用咖啡是最大宗的需求來源，對於這類龐大的消費者來說，可以簡單快速、滿足需求才是最重要的。對於他們來說，只要在家使用法式濾壓壺、愛樂壓或美式滴濾咖啡機，就能製作出美味又提神的早餐或午茶咖啡了，其他的心思不如放在咖啡器皿或與之搭配的美食，甚至是有趣的咖啡故事上。

偶爾出於好奇嚐鮮，來杯麝香貓「產」下的貓屎咖啡也非常有趣，經由麝香貓們「精挑細選」的咖啡櫻桃，經過其腸胃環境的發酵，雖然最終口感未必多與眾不同，但光想像其生產過程，便足以為其標上昂貴的售價。

☕ 咖啡因咖啡館而榮

我們在＜新咖啡主義＞一節中曾經提到，一個嶄新的咖啡館時代已悄然來到，對於多數的咖啡愛好者而言，喝咖啡不重要，泡咖啡館才是重點。人們來到咖啡館，不再單純以飲用咖啡為訴求，更多人將其視為一個平台和載體。對經營者而言，開設一家咖啡館也從純粹販售咖啡轉而提供更多附加服務與體驗。

有些人將咖啡館視為忙碌生活的休憩港灣，工作之餘鑽入街角某家咖啡店

裡，避開俗世紛擾，手捧一杯優質咖啡，啜飲一口，唇齒間的濃香釋放了壓力與煩惱，沒有什麼比這個更令人神往了。

　　有些人將咖啡館當成人生重新開始的契機，毅然辭去原本待遇優越的工作，開了家咖啡館，過起忙碌而快樂、幸福卻簡單的生活。

　　有些人將咖啡館視為沉澱心靈的地方，在此閱讀、寫作、學習、分享。這

本書也有好幾個章節是在喧鬧的咖啡館裡完成的，那種鬧中有靜，喧雜中不乏沉思的感覺最愜意不過。

　　有些人將咖啡館視為事業的起點，在此尋覓創業夥伴、人生導師、創業資金和商業機會，在咖啡館裡成就事業。

　　有些人將咖啡館當作結合不同行業和領域的平台，將諸多跨界資源在此結合，並創造出生產力和驚喜。

　　有些人將咖啡館看成無所不能的載體，那裡頭有著與閱讀、電影、攝影、情感、動漫、音樂相關的大量元素和資源，使得小小的咖啡館就像一個個活生生的人，在城市裡行走歡笑。

　　有些人將咖啡館……

細細品味──滴濾式咖啡

作為資深的茗茶愛好者，我平日常喝的茶種類繁多：臺灣凍頂烏龍、杭州西湖龍井、江蘇太湖碧螺春、安徽太平猴魁、湖南洞庭君山銀針、福建武夷山大紅袍、廣東潮汕鳳凰單欉……有的是綠茶，有的是黃茶，有的則是烏龍茶，但它們都有一個特點：嚴格冠以地名，且地名越小（產區範圍越小），品質就越好，等級也越高。

葡萄酒愛好者也深知此道理。同樣是法國波爾多產區的 AOC 葡萄酒（按：AOC 為依產區級別區分的法國葡萄酒分級制度），大 AOC 就遠不如小產區如莊園 AOC 的品質好。產區範圍越小，相應的品質控管就越嚴謹，個性特徵也越鮮明。法國葡萄酒有個專有名詞terroir，其所表達的正是這個意思。

在咖啡世界裡有個優雅的品鑑流派，這類飲用者特別關注咖啡的品種、個性、特色與地域風味之間的完美結合，並且主要是以傳統的滴濾方式沖泡。這種在一系列嚴謹又流暢的流程下完成沖泡萃取，最後以令人著迷的獨特風味和個性呈現的咖啡，我們稱之為「單品咖啡」。最完美的精品咖啡都是透過這種手沖形式萃取而成的。

專業的咖啡人非常看重這個曾被義式咖啡打壓，近幾年又重出江湖的咖啡萃取方式。美國知名咖啡師 Scott Rao在 2010 年出版的暢銷書《Everything but Espresso》便是最有力的證明──他唯獨將義式咖啡撇開不談，而只介紹專業的滴濾式咖啡沖泡技術（Professional Coffee Brewing Techniques）。

想要品鑑高水準的單品咖啡，以下幾點值得參考：第一，遵循或參考精品咖啡的起源概念，從品種到產地，從手選到烘焙，從研磨到沖泡，全程關注。若僅僅著眼於最後的沖泡環節，並無法

獲得令人滿意的感官體驗。建議讀者哪怕只是喝一杯單品咖啡，也可以多多詢問它的生產履歷，瞭解手上的咖啡是如何一步步製成的。

第二，雖然單品咖啡豆也可以用來來萃取成義式咖啡，甚至製成卡布奇諾等花式咖啡效果有時也很不錯，但義式咖啡已有更多五花八門的萃取技術、口感追求和沖泡器具。我們還是應該積極嘗試以手工方式，透過各式壺具沖泡單品咖啡，盡力擺脫機器（如義式咖啡機）的束縛，才能獲得的最完整的體驗。

美味之源── Espresso

Espresso，義式濃縮咖啡，是所有義式咖啡的基底咖啡世界的寵兒，尤其是分布在世界各地的咖啡館，不少都仰賴義式咖啡來獲取較高的盈利。我最一開始也是在經營咖啡館的過程中才慢慢瞭解它的。

Espresso 二三事

首先，Espresso 是個義大利詞彙，有「Just for you」及「On the spur of the moment」的意思，中文意思是：「立刻為您沖泡」，隱含著「快速的貴賓式專屬服務」之意。這正是 Espresso 的核心精神，我在經營咖啡店時也慢慢認識到 Espresso 的概念。

以下表格是義大利國家義式濃縮咖啡協會（INEI, Italian Espresso National Institute）所制定的「Espresso Italiano」標準。看了這個表格後，還有人會說義大

粉量	7 ±0.5 g
萃取水溫	88±2℃
沖泡水壓	9±1 bar
萃取時間	25±2.5 seconds
杯中咖啡的總容量	25±2.5 ml
杯中咖啡溫度	67±3℃
總脂肪含量	>2 mg/ml
咖啡因含量	<100 mg/cup
45℃時咖啡液黏度	>1.5 mPas

利人散漫隨性嗎？其實我並不建議大家完全照抄上述技術細節，近十幾年來拜全球商業咖啡館擴張所賜，Espresso 也不斷與時俱進，我們只需要掌握基本原則與精神即可。

舉例來說，美國咖啡師偏好的

Espresso 萃取水溫在 92 ～ 96℃，且往往會填裝較多的咖啡粉。由於咖啡粉兼有吸水和降溫作用，如此一來，兩者在實際的萃取過程中，平均萃取水溫非常接近。美國人顯然知道如果填裝更多的咖啡粉，粉餅更加厚實，壓粉的技術要求會相對下降，也更容易均勻萃取。而義大利人的單份 Espresso，粉餅非常薄，無疑是對咖啡師壓粉技術的一大考驗。

從飲品特徵理解 Espresso

Espresso 是以一定壓力的熱水沖過咖啡粉餅所製成的濃縮飲品（Concentrated Beverage）。它小巧精緻，通常只有 1 ～ 2 盎司的容量，因採取高壓沖泡，萃取出來的 Espresso 會比其他方法製成的咖啡要濃郁得多。

高壓萃取過程中，粉水接觸時間只有短短 20 多秒，且萃取水溫在 90℃ 左右，遠遠未達沸點。一杯 Single 分量（30ml）的 Espresso，咖啡因含量不高，僅相當於一罐可口可樂，不會對健康造成影響。此外，Espresso 中富含糖、咖啡因、蛋白質、咖啡油脂、膠狀物等 600 多種物質，口感豐富而均衡，香氣濃郁，爽滑細膩，餘味更是悠長，酸、苦、甜味俱全，也不至於太過苦澀。一杯好的 Espresso 入口後，應該能有一種縱貫直下的氣勢，如果讓人難以下嚥即代表品質低劣。

Espresso 種類繁多，專業咖啡人士會

義式濃縮咖啡沖泡比例

		乾粉質量（g）Dry Coffee			飲品質量（g）Beverage			沖泡比例（乾粉／咖啡液）Brewing Ratio（Dry/ Liquid）			含油脂咖啡液總容量（oz）Gross Volume Incl. Crema	
		Low 低粉量	Med 中粉量	High 高粉量	Small 少量	Med 中量	Large 大量	Low 低比例	High 高比例	Typical 標準比例	Low❶ 低容量	High❷ 高容量
Ristretto 特濃義式濃縮咖啡	單份	6	7	8	4	7	13				0.3	0.6
	雙份	12	16	18	9	16	30	60%	140%	100%	0.7	1.3
	三份	19	21	23	14	21	38				0.9	1.7
Regular Espresso Normale 標準義式濃縮咖啡	單份	6	7	8	10	14	20				0.6	1.1
	雙份	12	16	18	20	32	45	40%	60%	50%	1.3	2.6
	三份	19	21	24	32	42	60				1.9	3.4
Lungo 淡式義式濃縮	單份	6	7	8	38	50	67				0.8	1.5
	雙份	12	16	18	75	114	150	27%	40%	33%	1.9	3.3
	三份	19	21	24	119	150	200				2.5	4.4

註：Low❶主要針對以下情況：不新鮮的咖啡豆、100% 阿拉比卡種咖啡、帶嘴沖煮把手、拉桿式咖啡機等。
High❷主要針對以下情況：新鮮的咖啡豆、含羅布斯塔種咖啡、無底沖煮把手、9 個大氣壓的幫浦式咖啡機等。

透過沖泡率來對它們進行嚴格分類，但對於一般愛好者和咖啡店主來說，P.137的表格會更加實用些。

從咖啡豆理解 Espresso

萃取 Espresso 的咖啡豆烘焙度偏深，以便於提升風味、增強均衡感、提高醇厚度，並獲得更多咖啡油脂。萃取 Espresso 使用的咖啡豆，可能是某一款特定產區的咖啡豆，也可能是由多個不同產區的咖啡豆混合而成。如果是前者，那麼這款咖啡豆在特定烘焙程度下萃取出來的咖啡一定均衡感好、香醇濃郁、油脂豐富且令人印象深刻。如果是後者，則一般稱作綜合咖啡豆或義式綜合咖啡豆（Espresso Blend）。

為了能夠創造屬於自己品牌的個性特徵、提高競爭力，大間的咖啡公司往往會研發自家專屬的義式綜合咖啡豆，以 5 種甚至更多種咖啡豆混合都是很常見的。義大利人認為 Espresso 的好壞取決於四大關鍵要素，即「4M」，這綜合配方就是其中第一個 M ── Mistura。

從研磨理解 Espresso

萃取 Espresso 無疑是一門藝術，其過程完全體現了西方人邏輯縝密、定量分析的特點。單份 Espresso 盛裝在精緻的小杯子裡，幾口下肚，就像在品茶。如何才能做出如此細緻的咖啡？關鍵在於恰如其分的研磨。義大利人所歸納出來的 Espresso 4M 中，第二個 M 為 Macinino，指的即是咖啡豆的研磨。

前文已提過，萃取 Espresso 的義式研磨相當細緻，至於該細到何種程度，還要與咖啡豆、咖啡機、粉量、壓粉力道等因素搭配與調節，才能找到最適解答。

從義式咖啡機理解 Espresso

想製作一杯風味綽約的 Espresso，前提無疑是需要一台合格的 Espresso 咖啡機，這個道理正如比賽成績第一的賽車手，其賽車即便不是天下第一，也勢必不差。Espresso 4M 中的第三個 M 是 Macchina ── 咖啡機。這部分將會在第五章針對 Espresso 咖啡機做深入的介紹。

取粉、填壓是製作 Espresso 的基本功

咖啡粉壓實後應平整光滑

從咖啡師理解 Espresso

Espresso 的 4M 之所以廣受推崇，是因為最後一個名額留給了咖啡的製作者——Mano。沒有優秀的咖啡師在咖啡機前完成研磨、取粉、填壓、萃取等一系列的精準操作，根本無法獲得一杯優質的 Espresso。甚至可以說，Espresso 藝術就如 F1 賽車，追求人機合一、探索極致美味的至高境界。以下即從幾個萃取細節說起。

● 取粉及填壓

取粉和填壓是為了獲得定量、厚度和密度一致的咖啡餅，為接下來的高壓均衡萃取做準備。

❶ 粉量過少或粉餅過薄，會使萃取的咖啡液迅速流下，短短數秒便完成萃取，咖啡口感又淡又酸，難以下嚥。

❷ 粉量過多或粉餅過厚，與第 1 點相反，會使咖啡口感過濃過苦。

❸ 填壓力道過輕或不壓粉，會使高壓推動的熱水找到阻力最小的漏洞，形成一個萃取通道，而無法均衡地完整萃取。如此會導致萃取通道上的咖啡粉被過度萃取，其餘咖啡粉卻未被萃取，使咖啡酸澀難喝。只要咖啡粉研磨得夠細，並僅以填壓器自身的重量快速輕壓，即可保證連續出品的穩定性。

❹ 填壓力道過重，會導致熱水通過時阻力太大，難以順利完成萃取，萃取出的咖啡液無法順暢流出，口感又苦又澀。

❺ 咖啡濾杯中的咖啡粉如果按壓得宜，表面應平整光滑，萃取後敲出來的咖啡渣也應是一個完整的餅狀物。

● 觀察時間、流速及顏色

❶ 半自動或全自動的咖啡機都能設定萃取時間或水量，並自動結束。手動咖啡機則需要人為觀察萃取流速，並計算萃取時間。如果萃取出的咖啡液是一道細長而連續的黏稠狀帶虎斑條

紋的棕色水柱，那麼一份 Single 的 Espresso 理想萃取時間約為 25 秒。如果 14 g 的粉量要萃取 60 ml 的 Double Espresso，那麼時間約為 22 ～ 23 秒。

❷ 除了計時外，專業的咖啡師更強調觀察咖啡的顏色。如果萃取出的液體從帶有虎斑條紋的深棕色轉為顏色均勻的黃色或淡黃色，即顏色迅速發白，我們稱之為黃變（Blonding），代表咖啡粉的精華已萃取殆盡，萃取出來的咖啡之香氣、味道和醇度將會下降，此時應迅速移開咖啡杯，結束萃取。如果在萃取過程中，突然有一道黃色水流混雜直下，則有可能是高壓推動下的熱水從咖啡餅上刺穿了一道裂縫，產生了通道效應（Channeling）導致部分萃取不完全，咖啡餅上一定會出現空隙等破損現象。

品鑑義式咖啡之美

我的咖啡學院即是以 Espresso 為基礎（Espresso-based Drinks）的咖啡大家庭。從鑑賞角度來解析「義式咖啡流派」，有相較於單品咖啡的高壓萃取、口感均衡醇厚、創意變化多等三大特徵。

義式咖啡的基礎是一份小巧精緻、香醇濃郁、油脂豐厚的義式濃縮咖啡，容量在 1～2 盎司。為了達到口感需求並獲得油脂，最基本的作法是使用咖啡機來加壓萃取。事實上，不管是全自動咖啡機還是半自動咖啡機，或是咖啡餅機、膠囊咖啡機，甚至是手動加壓設備，只要符合加壓萃取的基本原則、能夠獲得香濃醇厚且油脂豐富的咖啡，均可冠以「義式濃縮咖啡（Espresso）」之名。

從鑑賞角度來說，義式咖啡與單品咖啡截然不同。單品咖啡追求真實表達咖啡豆自身的原生個性風味，越真實越好、越純粹越好，任何雕琢、掩飾或修正都是不可取的。而義式咖啡重在創新，目的是創造出一種與眾不同、令人愉悅的味覺追求，複雜又渾然一體，均衡而統一。舉例來說，有一款廣受國內咖啡館業主們認可的義大利進口義式咖啡豆，由多種來自世界不同產區的咖啡豆混合搭配而成，具體產區列表、混合比例、烘焙曲線等均屬商業機密，且每年會根據產地的自然氣候變化等略作調整。這些繁瑣工作的最終目的，即是在於創造出一個固定的、屬於該品牌義式咖啡豆的獨特風味。

義式咖啡以義式濃縮咖啡為基礎，卻不單單侷限於 Espresso。在此基礎上進行調製的花式咖啡也可以歸納進義式咖啡。廣義的義式咖啡已成為一個極為龐大的咖啡飲品之集合。比如：與奶泡、糖漿、巧克力、奶油、風味糖漿等混合調製的康寶藍、瑪奇雅朵、摩卡、墨西哥等熱飲均屬於義式咖啡，它們更展現出義式濃縮咖啡與各種調味品融合後的創意。另外，與牛奶等混合調製的卡布奇諾、拿鐵等，亦可稱為義式咖啡，它們不僅表現出咖啡與牛奶結合的風味，還可衍生出牛奶拉花等專有藝術（Latte Art）。而與各種酒水混合調製的愛爾蘭、皇家咖啡等調酒咖啡也同樣屬於義

式咖啡，它們在色彩、風味、造型上均有藝術上的追求。甚至，以義式濃縮咖啡為基礎所調製的各種冰咖啡，也屬義式咖啡陣營，這類冷飲能滿足季節性的需求，往往在色彩、造型上有所突破。

從上述這些咖啡中不難看出，義式咖啡是結合人類創意與機器功能的產物，既能做出標準化的飲品，便於企業遵循並商業化營運，又變化多端、創意無限、時尚前衛、魅力十足。

古典之韻——土耳其咖啡

我們將古老的土耳其咖啡稱為「古典咖啡鑑賞流派」，一則是向其長達六百年的咖啡烹煮歷史致敬——過去數百年間，土耳其人烹煮咖啡的方法變化不大，而歐美則不斷研發出令人目不暇給的咖啡工藝。二則是因為土耳其咖啡有其與眾不同又自成體系的價值，一旦愛上就令人難以自拔。

如何製作土耳其咖啡

第一步，製作土耳其咖啡需要使用接近深度烘焙的咖啡豆，因其均衡感與香醇度都較為突出。使用不同產地或品種的咖啡豆進行混合也是常見的做法，有時還會將事先備好的香料與咖啡豆混合。

第二步，將咖啡豆放入土耳其手搖磨豆器中，這種細長的手搖磨豆器帶有厚重的銅質蓋子，造型古樸凝重。通常研磨出來的咖啡粉非常細密，接近細研磨甚至極細研磨程度，而細緻的研磨程度可以讓咖啡濃郁醇厚。

第三步，將研磨好的咖啡粉倒入土耳其式咖啡壺中，最常見的是一種下寬

上窄、整體鍍銅、帶有長手把的專用壺，稱作「伊布裡克」（Ibrik）。如果買不到伊布裡克，也可以用煮牛奶的長柄小鍋替代。

第四步，在咖啡壺中加入適量的糖和清水。如果第一步沒有添加香料的話，也可以在此步驟添加，不過此時添加香料，香料與咖啡香氣的融合度會遜色幾分。

第五步，端著咖啡壺放在明火上，先用小火煮至沸騰，一邊撤離火源，一邊充分攪拌，可視情況會撈掉一些浮在表面的咖啡油沫。再放到火上等待第二次沸騰。

第六步，二次沸騰後就可以將咖啡倒入咖啡杯中品嚐了。製作多杯咖啡時，如果想要確保每一杯的質地、口感、濃度、油脂厚度等完全一致，也可以像泡茶那樣採用交替倒入的方式進行。

第七步，有些人在品嚐土耳其咖啡時，還會在杯中加入蜂蜜或檸檬汁，添加牛奶、奶油等則較罕見。

以前看過一則笑話：一次，英國查爾斯王子前往土耳其探訪。一位婦女獻上一杯咖啡，王子喝了一口覺得非常美味，正想一飲而盡。身旁有人提醒：「王子閣下，根據我們土耳其風俗，一位婦女向男子獻上咖啡，而這男子接受了並當眾一飲而盡，那麼這位男子就必須娶她。」查爾斯聽了冷汗直流，趕緊將剩下的半杯咖啡退回，幽默地對著那位婦女說道：「您差一點就成為英國王妃了！」從這個故事不難發現，縱使同為歐洲人，人們也對土耳其融入世俗生活的咖啡文化一知半解，更遑論土耳其咖啡占卜等神祕又寶貴的文化了。

欣賞杯中之美

看、聞、嚐是為品鑑咖啡的三部曲，第一步的觀賞必不可少。以下就來瞭解一下所謂觀察，究竟是看什麼？怎麼看？

☕ 欣賞整體搭配

對於黑咖啡，其咖啡本色並無太

多可供欣賞之處，我們可以將咖啡與盛裝器皿（咖啡杯）、咖啡匙、搭配的輕食甚至桌巾等，視為一體來欣賞。咖啡杯兼具實用性與美觀性，在咖啡文化中占據重要位置。有人喜歡古樸的陶瓷咖啡杯，偏愛那份沉甸甸、親切又敦厚，捧在手裡沉沉的、暖暖的感覺，心裡非常踏實；有的人喜歡骨瓷製的咖啡杯，那種光潔晶瑩的氣質，令人愉悅；有的人喜歡透明玻璃材質的咖啡杯，流光溢彩，澄澈純淨，彷彿能夠直接凝視到咖啡的內心；有的人喜歡純白色的咖啡杯，純潔高貴，襯托著深色的咖啡，更有一股說不出的尊貴典雅；還有的人喜歡使用彩色的杯子，甚至將 Logo、圖案等印製在咖啡杯上，不僅賞心悅目，還有助於廣告宣傳；更有的人喜歡奇形怪狀的咖啡杯，甚或兩個一組，三個一套，能夠組合成不同的圖案，表達各式心境。

如果從保溫、延緩降溫的角度考量，杯壁厚實的陶瓷咖啡杯、強化瓷咖啡杯較為合適。如果從高貴典雅、好搭配的角度考量，純白色的咖啡杯最合適不過。如果從欣賞咖啡色彩、造型的角度考量，尤其是冰咖啡的分層效果，透明的玻璃咖啡杯最合適。如果從行銷宣傳的角度考量，那麼購買白色強化瓷或骨瓷咖啡杯，再將 Logo 高溫烙印應不困難，也不會褪色（現在還有一種陶瓷水彩塗料可以讓人 DIY 上色）。

更講究一點，咖啡杯的造型，尤其是杯口處的細節和厚度也頗有學問。有些便於突出風味平衡感，有的能突出果酸，還有的可增強拉花的表現。不過這些差異都非常細微，一般愛好者大可不必太執著。

看顏色外觀

對於有牛奶拉花造型的卡布奇諾等花式咖啡，我們應該欣賞咖啡所呈現的藝術之美，了解咖啡師想表達的意境。在此還要特別介紹 Espresso 的外觀。覆蓋於 Espresso 表面的咖啡油脂狀物質，俗稱「克麗瑪（Crema）」，是高壓萃

取時咖啡油脂與空氣接觸後氧化生成的物質，是無數細微咖啡油脂顆粒與大量細密小氣泡結合的混合物，也是咖啡中讓複雜香氣不會迅速逸散的「防護罩」，更是評價和品鑑義式濃縮咖啡的關鍵。好的克麗瑪應該滿足三個「站」：站得好，厚重地懸浮在咖啡表面；站得俏，色澤以漂亮的琥珀色、深金色為宜，且顏色均勻一致，沒有不同色的斑點；站得牢，不會在數秒鐘內迅速消散。

☕ 看視覺效果

對於用玻璃杯盛裝的冰咖啡，可能

會有一個多層的視覺效果，我們可以觀賞分層是否清楚、色彩搭配是否和諧、與杯具的搭配是否協調等。此外，很多花式咖啡會在杯緣等細節處進行藝術處理，甚或增加些額外的小裝飾物。如果處理得恰如其分，能大大提升美感；如果處理不當，則有畫蛇添足之可能。

然而，無論這杯咖啡做了多少裝飾，飲用者可欣賞的時間都十分短暫。熱咖啡趁熱喝，冰咖啡趁涼喝，還要及時攪拌混合。我們也只能「殘忍」地破壞這件藝術品，進入下一步「聞」的環節。

聞香識咖啡

聞香是品鑑咖啡的核心

以前曾看過某段電影《女人香（Scent of a Woman）》的精彩影評：「……無論女權運動如何如火如荼席捲全球，無論香奈兒如何強調將軍風範的女裝肩部設計，無論過去多少年，從束胸衣和裏腳布中解脫出來的女人們，終其一生都在等待一個真正了解而欣賞讚美的異性眼神……」其實對於咖啡又何嘗不是如此呢？充滿靈性的咖啡香也一直在等待人們去領悟。

所謂咖啡香（Bouquet）指的是咖啡豆本身固有的重要風味，它既與咖啡樹品種、種植環境等先天因素密切相關，也與烘焙、研磨、萃取等後天處理關聯甚大。品鑑咖啡的核心環節是「聞香」，即調動嗅覺對咖啡香進行感官評估。能否掌握聞香的奧祕，是一般人與專業人士間的分野，在此有必要細聊一番。

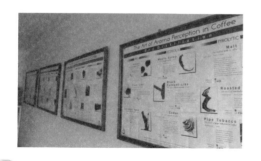

嗅覺的奧妙

鼻子不僅是人體呼吸系統的入口，也是頭號感覺器官，據說大腦中的思維感知區域便由嗅覺感知區域發展生成。人體真正的嗅覺感受器就位於鼻腔最上端的「嗅上皮」中，嗅上皮裡的「嗅細胞」通過神經纖維與大腦嗅覺中樞連接，構成了整個嗅覺感知和分析系統。值得注意的是，人體嗅細胞所處位置並非空氣呼吸流通的通道上，而是被鼻甲隆起遮掩著。這導致正常力道的呼吸過程中，空氣並不容易接觸到嗅細胞，對於氣味的感知能力自然很弱。只有加大吸氣力道或者進行吞咽等動作時，才能將大量空氣送達嗅細胞，不過如果連續聞同一個氣味則極易產生嗅覺疲勞。

那麼嗅覺是如何產生的？當物體發散於空氣中，形成帶有刺激性的細小微粒並作用於嗅細胞時，嗅覺感知系統隨之啟動。可見，只有易揮發的有味物質分子才能成為觸發嗅覺感知的刺激物，如果不能以氣體形式存在就不能被嗅覺感知，「氣味」一詞由此而來。

嗅覺比視覺原始，比味覺複雜，嗅覺感知在時間軸上也是一個複雜多變的層次性體驗過程。比如說有 A 和 B 兩種

氣味，可能同時感知到 A 和 B，也可能
僅感知到 A 或 B，可能先感知到 A 再感
知到 B，或者先感知到 B 再感知到 A，
還可能感知到 A 和 B 混合後形成的新氣
味 C。

　　一個普通人能夠分辨出 4,000 ～
6,000 種不同氣味（由樟腦味、麝香味、
花草味、乙醚味、薄荷味、辛辣味和腐
腥味這 7 種基礎氣味組合形成），訓練
有素的香水師能夠分辨出的氣味比常人
多出一倍。雖然與狗多達兩百萬種的氣
味分辨能力沒得比，卻也遠勝過人類的
味覺識別能力了。

　　人與人之間的巨大感知差異會使嗅
香評估結構千差萬別，縱使是同一個人
對同一款咖啡的香味進行感官評估，所
處環境、時間、精神狀態不同，也會嚴
重左右最終結論。因此，專業的咖啡香
味感官評估，不是依賴某個人先天靈敏
異常的鼻子，而是憑藉多年來紮實的嗅
覺練習，憑藉長時間練習進而在大腦中
建立嗅覺記憶庫。只要有心，任何人都
能成為咖啡的品香高手。

☕ 解讀咖啡香

　　完整的咖啡香是以四大要素所
構成，分別為乾香（Fragrance）、濕
香（Aroma）、氣味（Nose）和餘韻
（Aftertaste）。

　　「乾香」主要由咖啡熟豆和研磨後
的咖啡粉釋放，可以稱之為「香氣」。
咖啡的乾香主要是由溶解在二氧化碳氣
體中的有機物組成，如酯類物質。散發
二氧化碳的過程中會不斷散發香氣，因
此感知乾香的過程也是持續的，尤其是
研磨新鮮咖啡豆時，大量二氧化碳短時
間釋放，形成濃烈又令人醉心的咖啡乾
香。最易被感知的咖啡乾香，其揮發性
也最強，通常會讓人感覺到一種甜甜的
甚至微帶辛辣的花果香，因此我們又可
以將其細分為花香、果香、草本植物香
（如青草香、蔬菜香等）等幾類。

　　「濕香」主要由萃取後的咖啡所釋

放，可以稱之為「香味」。咖啡濕香體量龐大，非常複雜，是由咖啡中水分子揮發時所挾帶之有機物所釋放。除了果香、草本植物味以外，往往有比較明顯的堅果味。

「氣味」主要是由品嚐咖啡時存留鼻腔的水氣所釋放。它和「餘韻」都屬於鼻後嗅覺——氣體分子從口腔中經由鼻咽管道逆向進入鼻腔後所識別的特徵。當我們品嚐風味時，殊不知也是在調動鼻後嗅覺。此時水氣會挾帶並釋放出大量複雜的化合物，它們往往是咖啡豆在烘焙環節中經過焦糖化反應的產物。烘烤、焦糖、糖漿、堅果等氣味特徵大量湧現，而具體的感知結論與烘焙工藝關係甚大。

「餘韻」主要是由品嚐咖啡後口腔裡殘留的水氣所釋放，它與氣味近似，卻又有些不同，可以理解為揮發性較差、釋放過程更緩慢的一些大分子、重分子化合物。經常表現出菸草味、汽油味、辛辣味、可可味、焦炭味等。

在咖啡的品鑑課程中，經常會借助聞香瓶等專業教學器具來進行嗅覺訓練。

細細「品味」咖啡

看過、聞過之後，總算進入到品嚐咖啡的環節。這一環節包括味覺（Gustation）與口感（Mouth Feel）兩部分，前者強調化學性，後者強調物理性。

除此以外，品味的環節透過啜飲來帶動大量空氣進入口腔，進而擠壓口腔中的揮發性咖啡氣味分子進入鼻腔，即是比鼻前嗅覺更加隱密而重要的嗅覺體驗——鼻後嗅覺。

味覺篇

正如不能氣化則無法聞香，不能液化則不能品味——任何物質只有溶解於液體時，才能被稱作「呈味物質」，我們才能識別出味道。「味同嚼蠟」背後的原因，正是因為蠟在口中不易溶解。

人的舌頭表面分布著許多細小的「乳突」，一個個向外突出的味覺感受器，9,000多個味蕾（僅指成年人，嬰兒有上萬個）便各自處於不同乳突中。而味蕾中有許多不同類型的受體，這些受體會與不同味道配對並產生衝動，如甜味受體僅與甜味配體產生興奮性衝動，再傳導至中樞神經使我們感覺到甜味的存在。舌頭表面不同部位分布著不同類

型的味蕾，對於甜、鹹、酸、苦這四大基本味覺的感知敏感度各有不同——舌尖對甜敏感，舌尖兩側對鹹敏感，舌體兩側對酸敏感，舌根對苦最敏感。對於一般人來說，苦味感知最是敏感，甜味則最差。所以，品味咖啡時尤其需要講究技巧，方能更真實地感受咖啡的味道。

那麼具體應該怎麼做呢？其實很簡單，我們可以透過在口腔內噴霧、吞嚥、漱口等動作，將咖啡覆蓋在舌頭各個部位，讓分布不同位置的味蕾都能接觸到咖啡，使味道受體與味道間的配對更加完整。

我們經常描述的味道包含了酸、甜、苦、辣、鹹、鮮、澀，但從生理角度來看，其實只有酸、甜、苦、鹹是能被感知辨識的四大基本味覺（鮮和脂是近年被科學家確定的兩種全新基本味覺）。其中辣和澀都只是一種「感覺」而非味道，例如辣屬於灼熱的痛覺，而澀是物質使口腔黏膜收斂的感覺。

人可分辨逾 5,000 種味覺資訊都是由四種基本味覺彼此疊加、消弭、助長或雜糅所形成的，可進一步細分為「一級味道」、「二級味道」、「三級味道」等。專業的咖啡味道描述名詞，就是一種盡量精確到最細微的味道感知概念。舉例來說，專業術語中有一個叫做辛辣（Nippy）的二級味道，是舌尖部位敏銳捕捉到的一種「甜中帶刺」味覺感受。

此外，生理狀態（如疲勞、生病、饑餓等）、心理狀態（如生氣、緊張、恐懼等）、年齡（年紀越大敏感度越低）以及性別等，都會使得人體對不同味覺的敏感度有所差別。例如女性對甜味的敏感度比男性高，這也是有科學根據的。

口感篇

調動味覺感受之餘，還需要動用乳突的「觸覺」，透過物理刺激來感知並形成完整的體驗。咖啡在口腔中的濃郁度、醇厚度、黏性、質感等，皆統稱為咖啡的「口感（Mouth feel）」。

「濃郁度」指的是咖啡中萃取物的

豐富度,「醇厚度」指的是咖啡在口腔裡的飽和感、重量感,與濃郁度有些許關係,但也取決於其他因素。「黏性」指的是咖啡在口腔裡的黏著度,有人喜歡黏著度高的口感,也有些人喜歡比較清爽的口感。「質感(Texture)」在葡萄酒品鑑與咖啡品鑑中都非常重要,指的是液體在口腔中的觸感,品嚐時的質感通常是由咖啡中脂肪含量高的油性物質所產生,人們通常會以天鵝絨般(velvety)、絲綢般(silky)、蠟質般(waxy)等詞形容之。

咖啡杯測

　　確認咖啡真實風味與口感的方法,稱為「杯測(Cupping)」,也常叫作「Cup Testing」。這是一套專為消費者設計的方法,不同於咖啡生產國簡單而粗糙的評比方法,咖啡杯測並沒有一套標準答案,而是一套幫助我們找尋答案的工具。不同的評測人或評測團隊都可以建立起符合個別需求的評價體系。

　　經常有學員提出「什麼豆子好喝?」「我該買什麼樣的豆子?」「這個品種的豆子有什麼風味特色?」等問題。其實透過訓練自己的感官,建立對各種咖啡豆的體驗評判標準才是唯一正解。不必道聽塗說,不再人云亦云,自己喜歡的就是最好的,不喜歡的就是不好的。現在就帶著這樣的觀念,進入咖啡杯測的世界吧!

● **杯測器具**

　　1. 150 ml 杯測杯 3 個,乾淨、乾燥、無異味、厚底的寬口玻璃杯為宜。2. 乾淨、乾燥、無異味的杯測匙 3 支,銀製最好,不銹鋼次之。每杯咖啡對應一支杯測匙,勿混用。3. 玻璃水杯 1 個(清潔口腔用)。4. 不銹鋼冰桶 1 個,可以其他容器代替。5. 白色紙巾數張。6. 快煮壺一個。

● **杯測樣品**

　　A、B、C 三種新鮮熟豆

● **烘焙程度**

　　新鮮烘焙且烘焙程度不能太深,

採購前,在咖啡產區進行杯測

杯測破殼前,嗅聞香氣

SCAA 的 Agtron 值 #65 為宜(三款樣品保持基本一致的烘焙程度)

● **杯測步驟**

第一步,取 3 個杯測杯,底部或側面貼上標籤,標上與咖啡豆相應的 A、B、C。

第二步,將 3 款咖啡熟豆進行細研磨(如果是以同一台磨豆機研磨,務必清潔乾淨,以免彼此干擾),各自量取 8.25 g 倒入三個對應的杯中。

第三步,快速把鼻子湊過去,用力聞聞咖啡粉的香氣。這是「乾香」,僅作參考之用。

第四步,用快煮壺將新鮮冷水(TDS 濃度為 100 ~ 250 ppm)燒開,開蓋靜置約 30 秒。待水溫降至 93 ~ 95℃,將熱水倒入 3 杯咖啡粉中。須將咖啡粉潤濕,如果杯測杯容量剛好是 150ml,則要完全倒滿。如果玻璃杯比較大,可以事先畫出一條 150 ml 的標線,以確保每一杯的水量一致。

第五步,靜候咖啡粉浸泡萃取 4 分鐘。在此階段會有一部分咖啡粉被萃取,水面上則形成一個硬殼,咖啡的豐富香氣被封鎖在硬殼以下的狹小空間裡。

第六步,用杯測匙插入咖啡硬殼,將表面咖啡向外撥開,這個動作稱為「破殼」或者「破杯」。同時將鼻子湊過去,用力深嗅逸出的大量香氣。這個氣味稱為「濕香」,也僅作參考。

第七步,用杯測匙攪拌,消除水面上的泡沫,並將浮在表面的咖啡豆顆粒舀到冰桶裡,這個動作要快一點。

第八步,待溫度降至 71℃,舀一匙咖啡,用啜飲法吸入口中,使咖啡在口中以霧狀散發開來。氣體成分通過鼻後部到達嗅味區,並藉由類似漱口的動作,讓舌頭各部位皆能充分接觸咖啡,

杯測評比項目

乾香（Fragrance）	剛剛研磨好的咖啡粉所釋放的香氣，COE 杯測中僅作參考用。
濕香（Aroma）	咖啡萃取液釋放的香氣，因受水溫等干擾因素較多，COE 杯測中僅作參考用。
風味（Flavor）	口腔中的整體風味，是水溶性味道與揮發性氣味共同作用的結果，也是杯測中核心評比項目之一。
餘韻（Aftertaste）	也稱後味，是咖啡吞嚥或吐出後，停留在口腔的餘味表現，通常是口述風味後緊接在後的感受。
酸度（Acidity）	酸度的評比不是建立在強弱之上，而是好壞品質，因此有令人愉悅的酸或令人討厭的酸之分。優質的咖啡酸是一種入口生津的愉悅快感。
清澈度（Clean Cup）	指的是有無令人不悅的不好味道，尤其在咖啡溫度逐漸下降後，很多雜味將無所遁形。
甜度（Sweetness）	甘甜主要來自果實成熟度，容易在清澈度高或溫度逐漸下降的咖啡裡感覺到。
醇厚度（Body）	指咖啡液在口中的濃稠度與重量感。
平衡感（Balance）	平衡感不僅是指酸甜鹹苦等味道的均衡度，也是上述所有口感間的協調度。

同時可以透過呷嘴帶入更多空氣。細細品味下面表格中的幾個評比項目。

第九步，將咖啡吞下或吐在冰桶中，喝一口水清潔口腔後，再進行第二

台灣的 SCAA ／ CQI 考官陳嘉峻老師正在做 Q-Grader 杯測感官校正

款咖啡的評測。其中甜度、一致性和清澈度要在咖啡溫度逐漸下降至室溫的過程中慢慢感受。

第十步，最後，不需再執著於具體細節，直覺說出對每款咖啡的整體評價（Overall）—— 你喜歡這款咖啡嗎？

為了能夠定量描述並保證公正，需要設計一份杯測評價表，最後透過計算總分（可能還會進行加權和扣分），來對杯測對象進行客觀的整體評價。世界上有很多種杯測方法，如 SCAA 杯測、COE杯測等。還有很多專家會以虹吸壺、法壓壺或手工沖泡來做杯測，刻意效仿並無太大意義，建立一套有效又方便易行的杯測方法才是最重要的。

Chapter 5
經典咖啡萃取法

「工欲善其事，必先利其器」，想要來杯好咖啡，適當的設備必不可少。這一章將介紹一些常用的咖啡沖泡器具，包括簡單便利的家用器具及嚴謹的專業用設備，也會介紹流行了上百年的經典神器，或是近幾年才崛起的新設備。

某位同為咖啡愛好者的朋友曾說：「一個男人迷上咖啡是幸運的，但迷上咖啡設備就不走運了，這往往是他破產的前兆。」雖然不完全認同，但在眾多咖啡愛好者中，確實不乏不計代價收藏動輒上萬的昂貴設備之人。

為了兼顧專業與實用性，以及考量到多數咖啡或烹飪愛好者手邊都會有台精準的電子秤，因此本章所介紹的沖泡法都是將手沖壺具放在電子秤上進行的。沖泡者可以透過觀察電子秤上的數值，精確掌控沖泡時的注水量，而不需再像以往得側頭觀察量杯上的數值（註）。

註：水在不同溫度下的體積變化較大，以重量為單位來度量注水量會比以毫升度量更為精確。故本書在說明粉水比例時，水量單位皆以克為單位。

法式壓濾壺

　　法式壓濾壺（French Press），簡稱法壓壺。它是最簡單實用的咖啡製作器具，家用、咖啡館皆適宜。由於操作上非常簡單，反而不那麼受歡迎。有些人會將它看成是「沖茶器」，甚或熬煮中藥後用來過濾藥渣。其實法壓壺雖然造型簡單，沖泡出來的咖啡卻不馬虎，無論是質感、層次感還是醇厚度都有相當的水準，頗受歐美人士鍾愛。星巴克總裁霍華德・舒爾茨就是法壓壺的愛好者。

　　法壓壺大小規格不一，從較小的 350 ml 到 1,000 ml 都有，我至少用過五六種不同大小的法壓壺，按照習慣，500 ml 以下用來製作 2 人份咖啡，500 ～ 600 ml 為 3 ～ 4 人份，700 ml 以上的適合 5 ～ 8 人。

烘焙程度　　中烘焙一中深烘焙
研磨程度　　粗研磨
建議水量　　200 g（建議放在歸零的電子秤上沖泡，以精確掌握注水量）
建議粉量　　14 g
萃取水溫　　91 ～ 94℃（注水前壺中水溫為 95℃）

◖ 使用方法 ◗

1. 選擇雙層壺壁、保溫性能良好、網目細密的法壓壺，並提前溫壺。想減少溫度的流失，可以用熱毛巾包覆，甚至將法壓壺浸泡在熱水中。溫壺後，將蓋子連同過濾網一起取出，壺中倒入適量咖啡粉。

2. 沖入適量熱水，務必完全浸泡到所有咖啡粉，輕柔攪拌數次。

3. 蓋上蓋子，將壓桿往下放，使濾網恰好與水平面接觸，靜置3分鐘。再等速緩緩向下壓至底部，使液體與咖啡渣完全分離。咖啡粉建議採用粗偏中的研磨度，研磨過細不僅會使咖啡殘留咖啡渣，破壞口感，還會增強液體表面張力，阻礙向下壓的動作。

4. 將萃取好的咖啡倒入杯中品嚐。

1
2
3
4

NOTE

　　如果擔心法壓壺可能會濾出令人不悅的咖啡渣，現在市面上已有雙層濾網的新型壺具，這樣的改良對於提高口感清澈度非常有幫助。

手工滴濾沖泡

　　手工滴濾沖泡，又叫手沖。1908年德國梅麗塔（Mellita）女士發明的滴濾式咖啡萃取法是最常見的手沖方式：濾紙放在濾杯裡，倒入咖啡粉，再沖入熱水，使萃取後的咖啡順著漏斗型濾杯下方流出。整個萃取過程借助萬有引力，極為簡單流暢。

　　因熱水直接通過咖啡粉進行適度的萃取，並無過多浸泡過程，因此咖啡成品澄澈明亮。以梅麗塔女士所發明的方法為基礎，許多萃取技術和設備應運而生，將會在此章節逐一介紹。

　　手沖咖啡是難度較高、口感可塑性也較強的一種沖泡方法，常有「一壺走天下」的說法，所謂的「壺」就是指用來沖泡的細口壺。

烘焙程度	中烘焙—中深烘焙
研磨粗細度	中偏粗研磨
建議水量	260 g（使用 Hario V60 濾杯，建議放在歸零的電子秤上沖泡，以精確掌握注水量）
建議粉量	20 g
萃取水溫	88℃（注水前壺中水溫為 90℃）

❥ 使用方法 ❥

1. 將大小剛好的濾紙折好，放在濾杯上。濾杯下方放置一個容量適中的杯具，用來盛裝咖啡萃取液。為了能清楚觀察咖啡滴落狀態，底下最好承接透明杯具。

2. 以適量熱水浸濕濾紙，使濾紙平順貼合在濾杯上，並沖去濾紙上可能殘存的螢光劑和紙漿味，下面承接的杯子也可達到溫杯效果。現在也有越來越多人會以金屬濾網取代傳統濾紙。

3. 將適量咖啡粉倒入濾紙中，鋪平，用量勺在中心壓出一個淺淺的凹洞。

4. 手沖壺中裝入適量熱水。注意，由於熱水倒入壺中後會降溫 3～4℃，為了達到理想的萃取水溫，倒入壺中的熱水應比萃取水溫高 3～4℃。持手沖壺，緩慢而均勻地從中心以順時針向外繞圈，一層層注入少許水至浸濕咖啡粉。

5. 靜置燜蒸 30 秒鐘。如果操作得宜，浸濕後的咖啡粉會像發酵般膨脹，也代表豆子夠新鮮。此時尚無大量咖啡從下方流出。

6. 燜蒸結束，再次注水，同樣順時針往外繞圈，從中心點往外一圈圈連續注水，注意不要沖到最外圍的濾紙。到達外圈後再順時針向內注水，直至中心點。此為一次完整沖泡，正常情況下壺中的熱水應該恰好用盡。待萃取結束，將濾杯連同濾紙一起移開，即可享用咖啡。

　　上述手沖法是以濾紙進行過濾（建議使用未經漂白處理的濾紙），也可以用法蘭絨濾布取代濾紙，口感會更加純淨，層次感也更強。不過法蘭絨保養較麻煩，每次使用完畢需清洗乾淨，瀝乾後裝入保鮮袋，再放入冰箱保存，下次使用時需再次沖洗。

　　濾杯是手沖咖啡的核心器具，有玻璃、塑膠、陶瓷、金屬等不同材質可選擇，其中以塑膠最便宜、陶瓷的保溫性能最好。濾杯內壁的導水溝槽是為了讓濾紙與濾杯之間有空隙，使水流更順暢，提高萃取品質。

　　傳統濾杯底部有單孔、雙孔、三孔等設計，通常稱之為單孔濾杯、雙孔濾杯和三孔濾杯。其中以單孔濾杯（又稱梅麗塔杯）的難度最高，沖泡者需要對水流、萃取時間有較高的掌握度，注水時須一氣呵成，較不適合初學者。因此

　　上面所介紹的手沖步驟，是以適合初學者的三孔濾杯為例。

　　另外要特別介紹日本 HARIO 的 V60 系列濾杯，此款圓錐形濾杯下方是一個直徑相對較大的圓孔，杯壁有著螺旋形的導水溝槽。這樣的設計遠勝過傳統濾杯，不僅可大幅增加咖啡粉層的厚度，便於繞圈注水，還能提高第一次注水燜蒸的均衡度，使咖啡粉能均勻浸潤。也因為通透性提高了，水流與氣流都更加順暢，使口感更接近以法蘭絨濾布沖泡的效果，均衡而富有層次。

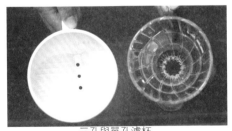

三孔與單孔濾杯

越南咖啡壺

越南咖啡壺，又稱越南壺，是很簡單好用的滴濾式咖啡器具之一，據說是越南人針對法國人的沖泡設備改良而成的。如果使用得當，以越南壺製作出來的咖啡也別有番風味。傳統的越南咖啡，講究的是較為粗獷而混濁的風情，加糖或牛奶不太合宜，加煉乳才是最經典的搭配。

烘焙程度	中深烘焙
研磨粗細度	粗偏中研磨
建議水量	200 g（建議放在歸零的電子秤上沖泡，以精確掌握注水量）
建議粉量	15 g
萃取水溫	91 ～ 94℃（注水前壺中水溫為 95℃）

❧ 使用方法 ❧

1. 在越南壺中倒入適量研磨好的咖啡粉，旋上圓形壓板，將咖啡粉敲平整、些微緊實。

2. 先緩緩畫圈注入少許熱水，水量只需將咖啡粉潤濕即可，蓋上蓋子等待 30 秒，此步驟即為「燜蒸」。

3. 再將剩餘的熱水全部注入，重新蓋上蓋子，等待咖啡萃取好，全部滴入下方容器即可。整個過程約在 2 分鐘內完成。

> **NOTE**
>
> 圓形壓板的鬆緊決定了咖啡粉膨脹的空間，也決定滴濾的速度，將關係到最終的萃取濃度。

SWISSGOLD 濾杯

SWISSGOLD 是由瑞士製造，表面鍍有 24K 黃金的金屬濾網沖泡器，也是一種非常簡便的滴濾式器具。拜惰性金屬黃金所賜，它比濾紙更能展現咖啡豆的真實風味，並免去濾紙本身可能帶有紙漿味道的問題。

有一種 SWISSGOLD 是漏斗狀的濾杯，可以用來取代傳統濾紙，只要放置在同樣形狀的支架上即可進行沖泡，非常方便，不會有任何紙漿味，也更加環保。另外還有一種圓柱形帶隔水內膽的沖泡器（如圖），可避免直接沖泡咖啡粉，是現在最簡便的咖啡萃取器具之一，頗受家庭或上班族喜愛。

烘焙程度	中深烘焙
研磨粗細度	粗偏中研磨
建議水量	200g（建議放在歸零的電子秤上沖泡，以精確掌握注水量）
建議粉量	15g
萃取水溫	91～94℃（注水前壺中水溫為95℃）

🫘 使用方法 🫘

1. 取適量中偏粗研磨的咖啡粉。
2. 輕輕放上隔水內膽，手持內膽左右晃動。
3. 以繞圈方式注入約 40 ml 熱水，將咖啡粉浸濕即可，接下來將剩餘的熱水注入隔水內膽中，蓋上蓋子。
4. 2～3分鐘後，一杯以黃金滴濾而成的咖啡即閃亮登場。

NOTE

因此種沖泡器具的過濾效果不如濾紙來得細緻，所以要採用中偏粗的研磨程度才能使口感更乾淨。

美式滴濾咖啡機

美式滴濾咖啡機,又叫美式咖啡機,是一種很常見的電動咖啡機,在多數大賣場都能買到,價格實惠。美式咖啡機也是採滴濾原理,與手工滴濾沖泡可歸為一類,不過手沖所需要的技術較高,美式咖啡機則無任何技術可言,有的是快速便捷與容易清洗之優點。

我在法國、德國、美國友人家中都見過這樣的設備,可見其使用者之廣大。以此器具萃取而成的咖啡,即為美式咖啡。

烘焙程度	中烘焙
研磨粗細度	塑膠濾網→中研磨
	較細密的金屬濾網→中偏細研磨
建議水量	350 ml
建議粉量	21 g

◐ 使用方法 ◑

1. 在濾網中倒入適量研磨好的咖啡粉。
2. 在咖啡機的儲水槽中倒入清水。
3. 打開電源開關,一般加熱 1 ～ 2 分鐘後,沸騰的熱水即會通過濾網上方的出水口,注水在咖啡粉上並進行萃取。水流過咖啡粉層後即滴落到下方加熱底座上的咖啡壺裡。
4. 關掉電源後即可享用咖啡。這種美式咖啡機都會有個加熱底座,可為盛裝咖啡的下壺加熱,隨時都能喝到熱騰騰的咖啡,不過長時間加熱後的咖啡會變得焦苦不堪,讓人無法細細品味。

NOTE

在讀過前面章節所介紹的沖泡、萃取知識,並瞭解美式咖啡機的操作方法後,應該不難發現,美式咖啡機之所以不夠專業,關鍵原因有二:第一,萃取咖啡的水溫處於不斷升溫的過程,甚至會以到達沸點的滾水進行萃取。第二,熱水無法以更精細的方式注入,難免會導致有些咖啡粉被過度萃取,有些則萃取不足。

冰滴咖啡壺

　　冰滴咖啡是一種非常獨特且廣受好評的萃取方式，據傳最早是由荷蘭人所發明，需以專用的冰滴咖啡壺製作。低溫萃取可有效減少香氣揮發，有助於保留咖啡香氣，所以如果你有足夠的耐性，便能獲得一杯清澈度高且別具風味的好咖啡。

　　由於咖啡的酸性脂肪在冷水中溶解效率不高，因此冰滴咖啡的酸味會明顯減弱，加上低溫萃取下咖啡因含量較低，所以冰滴咖啡又被稱作「養胃咖啡」。

　　我平常很少建議學員在自己的咖啡店提供冰滴咖啡，並非冰滴咖啡不好，而是這種萃取方式首重水質。如果是水質差的地區，其萃取效果可想而知。

烘焙程度	中深烘焙—深烘焙
研磨粗細度	細研磨
建議水量	700 ml（冰塊或冷水）
建議粉量	60 g

◖ 使用方法 ◗

1. 冰滴咖啡壺一般分為上壺、中壺和下壺三個部分，其中上壺用來放置冰塊，中壺為咖啡粉杯。先關閉上壺下方的水量控制閥，再將純淨的冷水或冰塊倒入上壺。

2. 將乾淨的下壺放置在中壺下方，以盛裝萃取好的咖啡。

3. 咖啡粉杯底下墊上一張濾紙，再倒入適量研磨好的咖啡粉，輕拍幾下使咖啡粉平整，表面再放上一張濾紙。

4. 打開上壺下端的水量控制閥，調節水滴落的速度。一般控制在每分鐘40～50滴的速度，5～8小時後即可獲得1,000 ml的冰滴咖啡。我習慣在晚上睡前開始萃取，第二天早上正好萃取完成。

5. 等上壺中的水滴完，即可將下壺取下，享用咖啡。

NOTE

　　萃取好的冰滴咖啡可裝瓶，置於冰箱冷藏保存。第3～7天的咖啡風味處於最佳狀態，宛如酒釀般表現出複雜優雅的風味，難怪能搏得「酒釀冰滴咖啡」的美名。最長飲用期可接近半個月。

愛樂壓 AeroPress

愛樂壓由美國 AEROBIE 公司於 2006 年推出，是一種操作簡單的全新咖啡沖泡器具，結合了法壓壺的壓濾萃取、滴濾壺的滴濾萃取和義式咖啡機的加壓萃取等三種萃取原理之優點，萃取出來的咖啡因為有濾紙過濾而清澈度高；不施加重力，改施以適度的壓力，而有剛剛好的濃郁度；無摩卡壺容易出現的焦苦味；90 秒內即可完成，操作簡單。因有上述這些優點而頗受好評。

愛樂壓是製作早餐的黑咖啡與辦公室咖啡的首選，也可以取代其他壺具萃取出美味的單品咖啡，但不太能取代義式咖啡機製作卡布奇諾等義式咖啡。

愛樂壓正反兩邊皆可使用，以下分別介紹。

烘焙程度	中烘焙－中深烘焙
研磨粗細度	細研磨
建議水量	200g（建議放在歸零的電子秤上沖泡，以精確掌握注水量）
建議粉量	14 g
萃取水溫	85～88℃（注水前壺中水溫為 90℃）

❂ 方法 1 正面使用方法 ❂

1. 將濾紙裝入愛樂壓濾蓋，用熱水將其浸濕。
2. 將濾蓋裝上愛樂壓濾筒，鎖緊並置於杯上。
3. 將適量研磨好的咖啡粉加入愛樂壓濾筒中。
4. 注入適量熱水，攪拌數下，並將壓筒裝上去，以防溫度下降和香氣逸散。
5. 靜置 30 秒鐘後，取下壓筒再攪拌 10 餘下。
6. 再將壓筒裝回去，緩緩壓下壓筒，即可萃取出咖啡。

🫘 方法 2 反面使用方法 🫘

1. 將愛樂壓的壓筒裝入預熱過的濾筒中，將其顛倒放置。
2. 將適量研磨好的咖啡粉添加到濾筒中。
3. 注入適量熱水。
4. 攪拌數下並靜置等待 30 秒。
5. 將濾蓋裝好濾紙並用水濕潤過，蓋上濾筒後鎖緊。
6. 將用來盛裝咖啡的杯具倒扣其上，再翻過來。
7. 緩緩壓下壓筒即可萃取出咖啡，從注水到結束約在 1 分鐘內完成。

NOTE

　　方法 1 的步驟 4 中，雖然還未將壓筒壓下，但已有少許咖啡開始從濾蓋往下滴落。為了使萃取出來的咖啡濃度可與方法 2 相同，需在方法 1 的第 5 步中進行「二次攪拌」，透過攪拌來提高萃取度。因此，方法 1、2 所萃取出來的咖啡濃度是很接近的。

虹吸式咖啡壺

又叫「賽風壺」，現在雖已不如七、八零年代流行，但在家庭與咖啡館中依然是很受歡迎的沖泡器具。尤其以虹吸壺沖泡單品咖啡，既有賞心悅目、趣味盎然的過程，又能獲得風味出眾的咖啡，因此地位歷久不衰。

虹吸壺分為上下兩個獨立的構造，上壺是一個玻璃漏斗，下壺則是一個玻璃球體。虹吸壺沖泡咖啡的手法太過繁瑣，歐美人常常望之卻步，不過卻很對華人胃口。

虹吸壺是咖啡店不可或缺的設備，有些咖啡店會因場地無法使用明火，而以鹵素燈加熱器取代酒精燈。這種加熱設備是透過鹵素燈泡將電能高效轉化為紅外線熱能釋放出來，熱量供應非常穩定，也比普通酒精燈效率高一些，頗受專業人士好評。不過有些人認為以鹵素燈加熱器製成的咖啡缺少明火的靈氣，且不便於變化其中的加熱細節。這幾年市面上甚至有更為便利的電動虹吸壺。

烘焙程度	中烘焙―中深烘焙
研磨粗細度	中偏細研磨
建議水量	300 g（建議在歸零的電子秤上沖泡，以精確掌握注水量）
建議粉量	20g
萃取水溫	85 ～ 91℃（下壺水溫接近 85℃時開始倒入咖啡粉）

❧ 使用方法 ❧

1. 將適量的水倒入下壺中至 2 杯處。熱水有助於營造高溫萃取環境，適合烘焙程度較輕的咖啡豆，冷水則適合重烘咖啡豆。

2. 擦乾下壺，點燃酒精燈開始加熱。

3. 將乾淨無味的濾布放在上壺底部，濾布下方的掛鉤鉤住上壺底部。

4. 調整好濾布，靜置待用。

5. 當下壺水溫達到 65 ～ 70℃時，會發出「嘶嘶」的輕微響聲，此時裝上上壺。

6. 下壺中空氣受熱膨脹，水會被擠壓並順著上壺玻璃管上升。在水快要完全進入上壺時，在上壺中加入咖啡粉。

7. 以木質攪拌棒輕輕攪拌數下，讓咖啡粉充分浸透。

8. 30秒後進行第一次攪拌，輕柔地劃十字攪動，攪拌三次後停止。

9. 靜候10秒後撤離火源，同時用攪拌棒輕柔攪拌數圈。

10. 咖啡重新回流到下壺中。為了避免萃取過度，可用濕冷毛巾包覆下壺，加快下壺降溫速度，使咖啡更快速地回流，並產生豐富泡沫。有些人也會在泡沫生成前迅速移走上壺，以減少咖啡的苦澀味。

11. 移開上壺後，即可品嚐下壺的咖啡。

比利時咖啡壺

也叫平衡式虹吸壺，可以看成是一台並排擺放、外形更氣派的虹吸式咖啡壺。此種咖啡壺非為必要設備，但咖啡館可以買來當作客人的自助式咖啡器具，當然作為居家裝飾品也不錯。不過成品在口感風味上較虹吸壺來得平庸，不適合挑剔的咖啡愛好者。

◐ 使用方法 ◑

1. 關上小水龍頭，右壺中加滿冷水，另一側玻璃容器中裝入適量咖啡粉。插上中間的虹吸管，蓋上蓋子。點燃酒精燈開始加熱。熱水會通過虹吸管流到玻璃容器中，與咖啡粉進行浸潤混合。

2. 右壺水流走一半時，壺中重量減輕並輕輕彈起，本來被卡住的酒精燈蓋會自動蓋下，酒精燈熄滅。此時咖啡液就會順著虹吸管反向流動到壺裡。如果想要口感濃一點，可以用手將水壺輕輕托住，防止火源熄滅。

烘焙程度	中烘焙—中深烘焙
研磨粗細度	中偏細研磨
建議水量	400 ml
建議粉量	40 g

摩卡壺

　　摩卡壺是在瓦斯爐上以明火沖煮黑咖啡的傳統工具，以其經典外型聞名於世。雖然現在已有可以用電磁爐加熱的摩卡壺，市面上甚至還有電動摩卡壺，但仍都保留了原始摩卡壺的基本原理——加熱下壺，使下壺中的清水逐漸升溫，下壺密閉空間中的空氣受熱後開始膨脹，熱水受膨脹空氣擠壓後會通過中層濾器裡的咖啡粉，姜r將再萃取出來的咖啡液擠壓至上壺中。而上壺是一個「只進不出」的咖啡盛裝壺，煮好的咖啡會被留在裡面。萃取完成後，即可直接將上壺中的咖啡倒在杯中飲用。

　　由於摩卡壺的封閉空間裡能夠產生 1～3 個大氣壓來萃取咖啡，雖然還是不能與產生 9 個大氣壓的專業義式咖啡機相提並論，但效果仍明顯優於其他咖啡沖煮器具，製作出來的咖啡具備一定的質感、醇厚度以及豐富的風味，因此以摩卡壺煮出來的咖啡，我習慣稱之為「準 Espresso」。也因其較接近專業義式咖啡機萃取出來的義式濃縮咖啡，所以廣受咖啡愛好者喜愛。

　　技術高超的微型或小型咖啡店，也可以用摩卡壺代替專業的半自動咖啡機，用以凸顯不同於工業化及商業化的連鎖咖啡店。對咖啡愛好者而言，摩卡壺大概是可與虹吸壺相提並論的重要家用咖啡器具。

烘焙程度	中深烘焙—深烘焙
	（摩卡壺通常使用義式綜合咖啡豆，但使用單品咖啡豆製作也別有一番風味）
研磨粗細度	細研磨
	（研磨過粗會導致咖啡萃取不足，風味和醇度下降；過細會導致萃取過度，
	且咖啡粉可能會順著萃取液往上溢至上壺）
建議水量	以不超過洩壓閥為原則
建議粉量	以粉槽實際容量為準

🫘 使用方法 🫘

1. 在下壺中注入冷水，注意水位不可超過洩壓閥。在咖啡粉槽中倒入適量研磨好的咖啡，將四周咖啡粉清乾淨。

2. 濾紙以水浸濕後輕輕貼在咖啡粉上，邊緣貼好（使用濾紙可再次過濾粉渣，使口感更純淨，但也可以不用）。鎖上上壺，點燃瓦斯爐開始加熱。

3. 水加熱後會被膨脹的空氣擠壓，向上通過咖啡粉進行萃取後，直接流入帶有孔洞的上壺裡。萃取好的咖啡不會再回流至下壺。

4. 停止加熱後即可將咖啡從上壺倒出來飲用。

NOTE

　　摩卡壺的保養重點在於使用後的清洗，除了不能以鋼絲球刷洗，也切忌使用清潔劑。摩卡壺上下兩部分之間的銜接處是最脆弱的部位，而密封膠圈更是保養重點之一。

義式咖啡機

義式濃縮咖啡（Espresso）歷經一個多世紀的發展，已成為一個獨立的體系，具有獨特的技術和風味追求，並衍生出各式各樣的飲品。義式濃縮咖啡機，又稱義式咖啡機，指的是用來萃取義式濃縮咖啡的機器設備，它也同樣經歷了一個多世紀的發展演變。如果 Espresso 是 20 世紀最偉大的咖啡革命，那麼義式咖啡機的發明和技術革新厥功至偉。

義式咖啡機的誕生

1901 年，義大利米蘭工程師貝澤拉（Luigi Bezzera）發明了一種製作迅速且便捷的咖啡機，一改傳統手沖咖啡滴濾緩慢的特點，這種機器能透過密閉鍋爐產生高壓水蒸氣，萃取出咖啡液體並流入咖啡杯裡。這正是義式咖啡機的雛形，促成了 Espresso 的誕生，可謂意義重大。

1903 年， 義 大 利 人 帕 沃 尼

三頭的半自動義式咖啡機

（Desiderio Pavoni）取得此項專利，並於 1905 年成立公司進行咖啡機的生產，掀起了義式咖啡機的第一波熱潮。今天，La Pavoni 依然是世界知名的咖啡機品牌，我的咖啡學院也有引進該品牌的義式咖啡機以及磨豆機。

現在回頭看當時的義式咖啡機其實並不完美，它必須完全仰賴滾水形成水蒸氣，並在密閉鍋爐中產生高壓，這種到達沸點甚至高於沸點的的水蒸氣無疑會嚴重「燙壞」咖啡粉。萃取出來的咖啡油脂（Crema）消失殆盡，苦味十分強勁，咖啡因也更重。

活塞拉桿式義式咖啡機

挑剔的義大利人不滿於上述問題，開始嘗試直接加壓於熱水，藉由推動熱水來萃取咖啡。這個想法很正確，不久後人們便開始利用市政自來水管路的水壓來實踐這個點子，獲得不錯成效。二戰前，活塞被加到義式咖啡機的設計中，用來取代水蒸氣作為壓力來源：提起拉桿時注水，壓下拉桿時萃取。由於萃取時水溫已不再達沸點，Espresso 口感獲得大幅改進。我曾在一部二戰背景的影片中，看到一群德軍軍官圍坐在咖啡館裡喝咖啡，當時使用的便是活塞拉

桿原理的義式咖啡機,看來導演、編劇都很懂歷史!

1948 年,義大利 Gaggia 公司改良出一款活塞槓桿原理加壓的義式咖啡機,不同的是,活塞的力量改由彈簧控制,這樣的設計使操作者輕鬆不少。該義式咖啡機可提供 8 ～ 10 個大氣壓力,萃取出來的 Espresso 口感醇厚、油脂豐富、色澤亮麗,已經達到今日的水準。目前 Gaggia 依然是知名的家用咖啡機品牌。

不得不承認,使用活塞槓桿原理的義式咖啡機是個體力活,對於咖啡館中繁忙的咖啡師可說是「邊健身邊工作」,加上這種機器需要很高的技術,咖啡師往往要花很多時間與機器磨合,也因此做出來的 Espresso 容易品質不夠穩定。雖然現在仍有追求復古的咖啡店會刻意購買操縱桿式咖啡機(手動拉桿或壓桿式的蒸氣開關),但並不以此斷定其咖啡比較專業,反讓人對品質的穩定性存疑。

飛馬 E61 的誕生

1961 年,義大利飛馬(Faema)公司生產出第一台利用幫浦(Pump)取代活塞的幫浦式義式咖啡機,即在業界赫赫有名的 Faema E61。它奠定了今日主流義式咖啡機的技術原理,也促使 Faema 成為知名的咖啡機製造商。

幫浦又叫作泵浦,是一種能夠吸入和排出液體,並進行能量轉換的機械裝置,咖啡機使用的幫浦主要負責抽水和加壓。幫浦式義式咖啡機的基本原理,是透過幫浦直接抽取咖啡機水箱中的冷水並加壓,通過加熱管升溫後,立即萃取出高品質的 Espresso。

根據採用的幫浦之類型,主要可分

同為雙頭的半自動義式咖啡機,左圖為子母熱交換鍋爐咖啡機,右圖為獨立雙鍋爐咖啡機

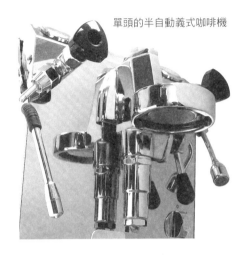
單頭的半自動義式咖啡機

為震動式幫浦（Vibratory Pump）與旋片幫浦（Rotary Vane Pump）兩大類。前者靠電磁鐵帶動活塞振動逐漸積聚能量，效率較低，工作時噪音較大，但體積小巧，適合製成家用咖啡機和小型商用咖啡機。後者效率很高，但體積較大，主要用來製成對體積要求不大，但注重運作效率與連續運作的專業級商用機型。

義式咖啡機的分類

根據機器的控制和操作特性，可以將義式咖啡機分為手動型、半自動型和全自動型。

手動型主要指的是帶有手動操縱桿的復古咖啡機，使用的是與眾不同的傳統活塞槓桿原理，前面已介紹過，這邊不再贅述。補充個題外話，另外還有一種小型的手動義咖啡萃取機——Manual

Espresso Maker，它在國外市場廣受歡迎，因操作方便，適合在家偶爾想喝杯 Espresso 時使用。

半自動和全自動型的咖啡機則都是採用幫浦式原理，半自動義式咖啡機使用按鈕或壓桿來啟動及停止運作，利用幫浦將水抽取上來，穿過咖啡粉餅進行萃取。其水壓和水溫皆為恆定而不需人為操控，因此稱為半自動。半自動咖啡機仍需仰賴人與機器的密切互動。需要以人工方式研磨咖啡豆，將咖啡粉填入沖煮把手中，用填壓器將咖啡粉壓實成餅狀，再將沖煮把手裝在咖啡機的沖煮頭上，以進行後續萃取操作。

全自動咖啡機則是透過電子控制系統，精確控制每一杯咖啡的萃取水量，通常附有儲豆槽，只需要按下按鈕即可完成從研磨到萃取的完整流程。全自動咖啡機的最大優點為品質穩定、操作便利且可節省人力，其適用範圍很廣，不管是家庭還是辦公室、飯店餐廳甚或小咖啡店，都很適合。

技術拙劣的咖啡師，如果使用的是半自動義式咖啡機，製作出來的咖啡品質恐怕比不上全自動的水準。但若是一位技術出眾的咖啡師，能完美操控半自動咖啡機，則做出來的咖啡之品質是任何全自動咖啡機都望塵莫及的。也因為如此，對於講究品質和專業度的咖啡店或咖啡愛好者而言，半自動咖啡機都是

毋庸置疑的最佳選擇。

半自動義式咖啡機（簡稱半自動咖啡機）是目前最專業的 Espresso 萃取機器，也是義大利人鍾愛的傳統機器，這個設備著重於所有可以提高口感的萃取環節，其他部分自然未盡完美，像是萃取完成後需要費心清洗保養等。然而，大部分咖啡店和資深咖啡迷，仍會出於專業性考量而購買這類設備，事實上投資在技術環節上也是最物超所值的。

如果將專業的半自動咖啡機所萃取出來的合格 Espresso 定義為「標準 Espresso」的話，那麼其他很多設備所製成的頂多只能算是黑咖啡、濃咖啡或準 Espresso。不要認為這樣的說法太過嚴苛，即便是義大利人也從不認為自己能在家裡做出什麼美味的 Espresso，想要大飽口福還是得去一趟咖啡館，這也是那些販售 Espresso 的咖啡館至今還能生存的原因。

半自動咖啡機的分類

根據幫浦的類型，半自動咖啡機可分為「震動式幫浦」和「旋片幫浦」，這部分前面已做介紹。

而根據鍋爐沖煮加熱原理之差異，半自動咖啡機又可分為單鍋爐系統、子母鍋爐系統、雙鍋爐系統和多鍋爐系統。單鍋爐系統咖啡機已經有些過時，熱水、萃取咖啡的沖煮頭以及蒸氣都使用同一個鍋爐、加熱和控制系統。除了穩定性以外，萃取咖啡的水溫偏高是其難以克服的缺點。

子母鍋爐系統（又稱熱交換單鍋爐系統）最為常見，咖啡機所用的熱水來自於鍋爐，一旦檢測到鍋爐水位過低，幫浦便開始自動抽水。而製作咖啡的水來自於幫浦並經由換熱器連接到沖煮頭，其 9 個左右的標準大氣壓力便是來自於換熱器管路而不是鍋爐（鍋爐裡壓力沒這麼大）。而通過換熱器管路後也

義式咖啡機類型

類型	基本原理	主要特點
全手動型	活塞槓桿原理	傳統復古，考驗操作者技術，品質穩定性差
半自動型	幫浦式原理	商用可靠性高，應用廣泛，需要人為技術，能做出最高品質咖啡
全自動型	幫浦式原理	操作簡便，節省人力，有節能模式、自動關機、智慧預浸等實用功能，成品品質穩定如一，商用性能一般

同時能獲得適宜的沖煮水溫。

　　雙鍋爐系統咖啡機則擁有兩套獨立的鍋爐、加熱以及控制系統，熱水和蒸氣使用一套，萃取咖啡的沖煮頭則使用另一套。這種機型成本高，萃取咖啡的穩定性也相對較高。多鍋爐系統則是每個沖煮頭都有自己的獨立加熱器，可以精確設定溫度，一台咖啡機的實際鍋爐就是沖煮頭的數量加一，這種結構設計的咖啡機可能是將來的主流選項。

　　半自動咖啡機根據操作方式不同，還可以具體分為拉桿式（壓桿式）、手控式和電控式。拉桿式已不常見，是為了復古而刻意模擬傳統活塞槓桿原理而設計的。手控式和電控式的差別，僅在於後者是透過自動程式來控制咖啡萃取量，並可以經由電控板上的按鈕進行選

擇。事實上專業的咖啡師都喜歡使用手控式咖啡機，透過觀察流量、流速、色澤變化甚至默念讀秒等形式來掌控萃取時間。而電控板對於使用頻繁的店家來說，可能還得增加一筆額外維修成本。

　　除此之外，能夠變壓萃取的半自動咖啡機已經在歐美逐漸流行。這種升級版咖啡機是在沖煮頭上安裝一個手動壓力調節閥，徹底打破了以往幫浦式咖啡機的恆壓萃取原則，有效彌補傳統機型壓力建構過快、壓力釋放無法調節的問題。透過調壓來逐步升壓的方式更接近傳統活塞拉桿機，咖啡油脂也更加豐厚細膩些。這種設計對咖啡師而言，也有更多施展技術和詮釋咖啡的空間，讓各家咖啡館的 Espresso 品質與風味能比出高下。

家用咖啡機的選擇

　　每天都會有學員或朋友問我，究竟該購買什麼類型的咖啡機？對於要開咖啡廳的人來說，商用半自動咖啡機幾乎是唯一答案，區別不過在單頭、雙頭或是多頭而已。家用咖啡機的選擇則比較複雜，必須有系統地加以說明。

　　暫且不論前文提過的手動 Espresso Maker，目前家用咖啡機大體分為三類：「電動滴濾式」、「電動蒸氣式」和「幫

浦式」。電動滴濾式咖啡機即為前面介紹過的「美式滴濾咖啡機」，是一種採用滴濾原理的小型咖啡機，操作簡單方便且美觀。如果是單純用來製作早餐飲用的提神咖啡，或者偏愛輕盈純淨口感而不要求口感醇厚的人，這種咖啡機完全適用。

　　電動蒸氣式咖啡機是目前市面上常見的小型設備，不僅造型美觀、價格便

宜，更常以「提供高壓蒸氣」、「義大利式」、「可萃取出 Espresso」等宣傳語，深深吸引消費者。就原理而言，這類咖啡機可將水煮沸產生水蒸氣，再由水蒸氣產生的壓力混合熱水來萃取咖啡。這類咖啡機能夠萃取出微量的咖啡油脂，咖啡濃度介於摩卡壺與真正的 Espresso 之間，因難以明確界定，可姑且稱之為「準義式咖啡機」。因有無法連續運作、蒸氣壓力不足、萃取時水溫過高以及萃取均衡度不夠等缺點，萃取出來的咖啡焦苦味很重，不適合挑剔的癮咖啡者，不過用來調製卡布奇諾、拿鐵等牛奶咖啡倒是挺適合。

全自動義式咖啡機，適合家庭使用

　　幫浦式咖啡機是萃取 Espresso 的最佳選擇，但同樣是幫浦原理的機型，價格也可能相差很大。除了品牌因素外，其中的構造零件也會影響價格。例如家用的幫浦式咖啡機通常採用體積較小的震動式幫浦，雖然在壓力輸出能力及效率上略有不足，但足以滿足基本需求，便於製成體積精巧的機器。而專業度更高的商用機型採用的往往是體積較大的旋片幫浦。再比如說，低檔幫浦式咖啡機通常採用便宜而質量輕的鋁製沖煮頭、填壓器和沖煮把手，而較專業的機型則一律使用銅質沖煮頭和沖煮把手，沉甸甸的把手幾乎可以當防身武器了。此外，選購家用幫浦式咖啡機，也是功率越大越好；金屬機身好過工業塑膠機身。

家用咖啡機

基本類型	基本萃取原理	萃取成品	專業度
電動滴濾式咖啡機	滴濾	美式黑咖啡	低
電動蒸氣式咖啡機	高壓水蒸氣	準 Espresso（濃黑咖啡）	較低
幫浦式咖啡機	加壓萃取	Espresso	較高

商用咖啡機的選擇

義式咖啡機幾乎是商用設備的唯一選擇，但就具體應用場景、客戶不同需求等，還是有不同的機型可選擇。

如果是規模較大的咖啡廳，或者雖然是間小店但生意非常好，就需要一台運作可靠性高、效率好的半自動義式咖啡機，並從咖啡機的品牌、售後服務、鍋爐大小、沖煮頭數量等方面進行評估。

知名品牌的品質本來就比較好，售後服務可能是比較需要額外考量的問題，例如經銷商是否可提供設備保養、產品維修、零件供應的服務。而咖啡機的鍋爐大小與沖煮頭數量成正比，一台雙頭

咖啡機的鍋爐一般在 11L 左右，能夠應付每小時近 200 杯的高強度製作。如果以一個沖煮頭搭配雙杯把手，每 30 秒同時萃取 2 杯的理想情況推算，1 小時的最多可做出 240 杯。咖啡館每小時的出品數量大多不會超過此負荷，因此一台雙頭的半自動義式咖啡機已能滿足絕大部分咖啡店的需求。

如果您開的是一家小型或微型咖啡館，吧台空間不大，擺不下雙頭咖啡機，那麼單頭的半自動義式咖啡機無疑是最佳選擇。雖然只有一個沖煮頭，鍋爐也小得多，但每小時仍能穩定製作 30 ～ 50

杯咖啡。與雙頭、多頭機型不同的是，很多單頭半自動義式咖啡機為了使外型更為小巧，會採用震動式幫浦來取代旋片幫浦，雖然會有噪音大、連續運作能力下降等問題，但咖啡品質並不會受到影響，為了節省空間還是很值得的。

單頭半自動義式咖啡機的另一個好處是節能環保，要知道商用咖啡機經常會長達十幾個小時連續開機運作，功率大小至關重要，而雙頭機功率一般在3500 瓦以上，單頭機則往往為 1,500～2,000 瓦。因此，每日咖啡銷售量有限但仍想要提供高品質咖啡的餐廳、酒吧、高級酒店等場所，也可以考慮使用單頭半自動義式咖啡機。此外，有些單頭半

自動義式咖啡機還附有水箱，不一定要外接有壓力的水源，更能符合小型咖啡店、行動咖啡館等特殊場合的需求。

上面介紹了半自動義式咖啡機的選購理由，但不能忽視的是，半自動咖啡機也需要專業咖啡師的操作，以及不斷探索更好的萃取技巧，才能做出好的咖啡。然而聘請專業咖啡師往往需要耗費高額的人事成本，這對很多中小型店家而言是個大難題。因此如果是不特別追求過人的咖啡品質，只要不出現讓人無法接受的瑕疵即可的店家，則可以選用商業用的全自動義式咖啡機。

半自動咖啡機的操作與保養須知

❶ 自動給水的咖啡機在暫停供水狀態下不能開機使用；手動加水的咖啡機使用前需檢查水箱水量，並好補水工作。

❷ 半自動咖啡機使用前需開啟電源預熱，鍋爐壓力指標達綠色區域才可使用。

❸ 咖啡機的蒸氣噴嘴、沖煮頭出水口等皆為裸露的金屬零件，預熱後溫度較高，請勿直接觸碰，以免燙傷。

❹ 咖啡機的溫杯架上，除杯碟器皿外，勿覆蓋毛巾以免阻礙通風散熱。咖啡杯放到溫杯架前，應確保乾燥無水。

❺ 單頭半自動咖啡機因鍋爐容量較小，製作熱飲時應減少熱水的使用次數，以免影響蒸氣壓力。

❻ 即使是帶有電控功能的咖啡機，也應減少面板上的按鈕按壓次數，盡量採用手控操作。因為電控按鈕不如手控那麼耐用，且維修費用不菲。

❼ 萃取完成後，應盡快敲出咖啡渣，用

軟毛刷清理後再以熱水沖洗把手和濾網，並用乾布擦拭乾淨。

❽ 以蒸氣噴嘴打發奶泡後，應立即以濕布擦淨噴嘴上殘留的奶漬，並打開蒸氣數秒，沖掉內部殘留的牛奶。如果噴頭上有結塊的奶漬，需先用溫熱水軟化，再用濕布擦淨。

❾ 如果長時間不使用咖啡機，需關閉電源並使鍋爐內壓力完全釋放。

❿ 沖煮頭上的橡皮墊圈屬消耗品，裝上沖煮把手時應注意力道和角度，不能過鬆，也不能過緊。過鬆會影響萃取，過緊則會加速橡皮圈的磨損。

⓫ 咖啡機使用完畢，如咖啡店結束一天的營業後，需將把手中的濾杯換成無孔濾杯，放入清潔粉，再將把手裝上沖煮頭，以正常的萃取方式進行 10 秒鐘以內的清洗，稱為「逆洗」。如果想洗得更仔細一點，可以拆下沖煮頭最外面的濾網，浸泡在清潔洗劑中 30分鐘，清水洗淨後，用軟布擦乾再安裝回去。

⓬ 咖啡機使用後還需要清洗集水盤、溫杯架、蒸氣噴嘴等部位，再用柔軟的乾布擦拭機器外殼。

⓭ 淨水和軟水裝置應每月清理一次。

⓮ 咖啡機不應長期暴露在陽光直射處。

易理包專用機與膠囊咖啡機

使用半自動咖啡機萃取咖啡，要先磨好咖啡豆，再取適量的咖啡粉，以適度力道將其壓製成餅狀。這些看似簡單的步驟，都蘊藏著不少學問，需要一定的實作經驗和技巧。即使是專業的咖啡師也不一定可以保證做出來的每一杯咖啡都有完全一致的口感。前面所介紹的萃取方式，如果有任何細節稍有差異，都會對咖啡的最終口感造成不可逆的影響。

由於上述的變因，而有「易理包」的出現。它將研磨、粉量、壓粉等變數轉為常數，每個易理包都經過專業且標準化的烘焙、研磨、秤重與填壓，再進行高溫密封和填充包裝，使用者可以輕鬆做出品質一致的咖啡。我曾在幾位法國友人家裡看過易理包的專用咖啡機，可見其在歐美家庭已有頗高的普及率。

多數可使用易理包的咖啡機也可以使用咖啡粉，甚至還能使用咖啡膠囊，具多功能用途。

而膠囊咖啡機的歷史並不算短。雖然對咖啡館經營者吸引力不大，但因其外觀時尚小巧、具一鍵式的簡單操作、成品口感香醇濃郁，以及幾乎無需後續清潔的便利性等特點，廣泛使用於家庭、辦公室、飯店等場合。因為使用的是真空包裝的咖啡膠囊，以膠囊咖啡機製作咖啡時，可省去研磨、取粉等繁瑣程序，只需一個按鈕即可萃取出好咖啡，且新鮮度十足。目前較知名的膠囊咖啡機有 NESPRESSO（雀巢）、Illy（意利）、GAGGIA（佳吉亞）等品牌。

膠囊咖啡機作為一種全新的咖啡器具，由於不需人力又不減咖啡品質，而成為普羅大眾的首選。不過仔細觀察會發現，膠囊咖啡機與噴墨印表機非常相似，皆屬於機器售價不高昂且容易取得，但必須頻繁購買不甚便宜的耗材（咖啡膠囊）之設備，這也是消費者不得不納入考量的現實問題。

Chapter 6
經典&創意咖啡飲品

此章節分享了多款美味的咖啡飲品，有知名的經典咖啡，也有獨創作品。讀者也可以多多發揮創意，製作出各式飲品。

本章節所使用的「熱咖啡」，均為濃度適中的熱黑咖啡，可以用摩卡壺、法壓壺、愛樂壓等器具製作，也可以使用義式濃縮再兌上適量熱水；「冰咖啡」為濃度適中的冰黑咖啡，可以採取內縮法或外縮法（詳見 P.122）冰鎮熱咖啡；Espresso 是以義式咖啡機萃取 7～8 g 咖啡粉的單份義式濃縮咖啡，不加糖、奶、水，濃度比熱咖啡高，需趁熱使用。如果沒有義式濃縮咖啡機，也可以用摩卡壺製作。

美式咖啡
Caffè Americano

類　　型	經典熱咖啡
杯具容量	300 ml
材　　料	Espresso 45 ml
	90℃ 熱水 250 ml

🥄 **作法** 🥄

將萃取好的 Espresso 倒入熱水中，
約 8 ～ 9 分滿，再攪拌幾下即可。

咖啡物語　　Espresso 與水的比例通常是 1：4 至 1：5。為避免水溫過高會破壞風味，可以先在杯底放 2 ～ 3 個冰塊，再依序加入熱水和 Espresso。另有名為「Long Black」的美式咖啡，是以義式咖啡機長時間萃取而成，因萃取時間長，濃度比 Espresso 淡得多，但咖啡因含量會增加不少，因此更有提神效果。

　　冰美式作法：雪克杯中放入 30 ml Espresso、10 ml 果糖、適量冰塊，充分搖勻即可。

康寶藍
Espresso Con Panna

類　　型　經典熱咖啡

杯具容量　80 ml

材　　料　Espresso 30 ml
　　　　　打發鮮奶油適量

◖ 作法 ◗

1. 將萃取好的 Espresso 倒入小口徑咖啡杯中。
2. 以繞圈方式，在杯口擠滿打發的鮮奶油。

咖啡物語　　康寶藍是一款以 Espresso 為基底的義式咖啡，細緻的鮮奶油飄浮在深沉的咖啡上，乍看像一朵出淤泥而不染的白蓮花。饕客們喝這款咖啡時，喜歡不攪拌直接仰頭飲入，感受令人難忘的苦澀與甜香。可惜其知名度不高，許多咖啡館的康寶藍點單率都較低，甚至不及 Espresso。

焦糖瑪奇朵
Cammel Macchiato

類 型	經典熱咖啡
杯具容量	200 ml
材 料	Espresso 30 ml
	熱牛奶 120 ml
	綿密奶泡適量
	焦糖醬 20 ml

❦ **作法** ❦

1. 杯中加入約 10 ml 焦糖醬。

2. 將萃取好的 Espresso 倒入咖啡杯中,攪拌幾下。

3. 倒入熱牛奶。

4. 用湯匙將打好的綿密奶泡舀入咖啡杯中至全滿。再將剩餘的焦糖醬淋在奶泡上做裝飾即可。

咖啡物語 瑪奇朵又叫瑪奇雅朵,經典的作法是在一小杯 Espresso 上綴以一匙綿密奶泡,宛如一朵白雲飄浮其上。這也是義大利人每天的活力之源。現在人們偏好加了適量焦糖的大杯瑪奇雅朵——也就是這邊介紹的焦糖瑪奇朵。這顯然不同於正規的瑪奇雅朵,但喝起來也更為過癮。某些咖啡館的焦糖瑪奇雅朵中會再添加少許「香草糖漿」,以增強層次感。

拿鐵咖啡
Caffè Latte

類　　型　經典熱咖啡

杯具容量　250 ml

材　　料　Espresso 30 ml
　　　　　熱牛奶（可含少量奶泡）
　　　　　200 ml

● 作法 ●

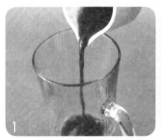  

1. 將萃取好的 Espresso 倒入咖啡杯中。

2. 倒入熱牛奶至 8 ～ 9 分滿即可。

3. 牛奶加至 8 ～ 9 分滿即可。

咖啡物語　　拿鐵咖啡是深受歐洲人歡迎的早晨飲品。義大利的拿鐵咖啡即為牛奶咖啡，也就是在 Espresso 中加入熱牛奶（Steamed Milk），且牛奶占了很大的比例。表面還有一點點奶泡，不過厚度僅有幾毫米而已。用咖啡機的蒸氣噴嘴加熱並打發牛奶時，技術上不需要像製作卡布奇諾那麼精細，加熱是主要目的，不必刻意打出奶泡。

卡布奇諾

Cappuccino

類　　型	經典熱咖啡
建議容量	200 ml
材　　料	Espresso 30 ml
	冰牛奶 適量

咖啡物語　　卡布奇諾是風靡全球的經典咖啡之一,幾乎所有咖啡師競賽都會以製作卡布奇諾為評比項目。理論上,咖啡、牛奶和奶泡的比例應為 1:1:1。

　　打發牛奶時,在拉花杯中倒入約 250 ml 的牛奶,打發後牛奶與奶泡的總容量約增加一倍,用於製作一杯卡布奇諾綽綽有餘。

　　一杯完美的卡布奇諾,應該具備「三美」:Espresso 萃取完美、牛奶打發完美、牛奶拉花完美。若能成功做到這三美,那杯卡布奇諾端在手裡應該溫暖卻不燙手,更不可能燙嘴。杯中有好看且線條清楚的拉花,奶香與咖啡香徹底融合且相得益彰。充分攪拌後飲入口中,有滿滿的香醇滑膩,無任何苦澀,甚至會有莫名的香甜從舌尖層層泛起。

● 作法 ●

1. 將萃取好的 Espresso 倒入咖啡杯中。
2. 打發冰牛奶,在溫度不超過 70℃ 的前提下,使其充分膨脹。
3. 將打發好的熱牛奶(含奶泡)倒入杯中
4. 牛奶加至奶泡微微凸出咖啡杯即可。

摩卡咖啡
Cafe Mocha

類　　型	經典熱咖啡
杯具容量	260 ml
材　　料	Espresso 30 ml
	巧克力醬 30 ml
	打發鮮奶油 適量
	熱牛奶 200 ml

❦ 作法 ❦

1. 杯中加入約 15 ml 巧克力醬。

2. 將萃取好的 Espresso 加入咖啡杯中，並適當攪拌。

3. 倒入熱牛奶至 8 分滿。

4. 攪拌均勻。

5. 表面以繞圈方式擠上鮮奶油，並封住杯口。

6. 淋上剩餘巧克力醬裝飾即可。

咖啡物語　　摩卡的熱牛奶之重點在於加熱，而非打發。傳統的摩卡即是加了巧克力的卡布奇諾，經過風味改良，現在常見的摩卡咖啡是由 Espresso、熱牛奶、巧克力醬和鮮奶油調製而成，有著、滑順適口、苦甜交融的滋味，一直是經典暢銷飲品。很多店家還會在表面加肉桂粉、可可粉、碎餅乾或巧克力米作為點綴，口感更豐富，視覺效果也更好。

皇家咖啡
Royal Coffee

類　　型	經典熱咖啡
建議容量	180 ml
材　　料	熱咖啡 140 ml
	白蘭地 5 ～ 7 ml
	方糖 1 顆

❡ 作法 ❡

1. 咖啡倒入杯中，約 7 分滿。

2. 皇家咖啡匙平放在杯口，放上方糖。小心淋上白蘭地，使方糖浸濕。盛滿咖啡匙，多餘白蘭地會流入杯中。

3. 點燃方糖，待方糖燃燒過半後，即可將咖啡匙放入杯中攪拌。

咖啡物語　　洋溢著貴族氣息的皇家咖啡，是咖啡與美酒的完美融合，據說是因法國皇帝拿破崙而得名。浸潤過白蘭地的方糖燃燒著藍色火焰，四溢的酒香從匙中流入深邃的黑咖啡裡，輕啜一口，醇香醉人。我曾嘗試用不同品牌的白蘭地與不同的黑咖啡調製皇家咖啡，然而最終結論已經忘了，只留下一番趣味在心間。

愛爾蘭咖啡
Irish coffee

類　　型	經典熱咖啡
杯具容量	260 ml
材　　料	黑咖啡 145 ml
	愛爾蘭威士忌 15 ml
	打發鮮奶油 適量
	方糖 1 顆

❤ 作法 ❤

1. 威士忌倒入愛爾蘭專用咖啡杯中。

2. 杯中放入一顆方糖。

3. 點燃愛爾蘭酒約 10 秒鐘，讓酒香與方糖香融合。

4. 倒入黑咖啡，至杯中上緣黑線。

5. 沿著杯壁繞圈擠上鮮奶油，由外向內均勻擠滿即可。

咖啡物語　　因思念而生的愛爾蘭咖啡其實是由威士忌與咖啡完美調製的雞尾酒。愛爾蘭威士忌甘甜、芬芳的獨特口感與具有澄澈氣質的黑咖啡相融，成為一道優雅高貴的飲品。

鉑瀾地帶
Blend Zone

類　　型	創意熱咖啡
杯具容量	80 ml 瑪格麗特杯（需預熱）
材　　料	Espresso 45 ml
	薰衣草糖漿 5 ml
	未打發的液態奶油 5 ml
	摩卡粉 4 g
	熱牛奶 120 ml

🍸 **作法** 🍸

1. 杯中加入薰衣草糖漿

2. 加入未打發的液態奶油和摩卡粉。

3. 倒入萃取好的 Espresso，用調酒棒迅速攪拌幾下。

4. 緩緩倒入熱牛奶至 9 分滿即可。

咖啡物語　這款飲品添加了薰衣草糖漿，不僅風味好，且因為薰衣草有安眠的藥用功效，若以低咖啡因咖啡製作，甚至還可兼有安神、暖胃、入眠的功效。

友誼萬歲

Friendship

類　　型	創意熱咖啡
杯具容量	帶加熱底座的花茶壺及玻璃杯
材　　料	黑咖啡 400 ml、紅糖 15 g、五香粉 1 g、肉桂粉 1 g、丁香粉 1 g、冰糖 7～8 顆、蘋果 1 顆（切小丁）、柳丁 半顆（切片）、白蘭地 5 ml

❤ 作法 ❤

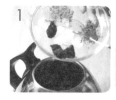    

1. 加熱壺中放入紅糖、五香粉、肉桂粉、丁香粉和冰糖，倒入黑咖啡，混合攪拌。

2. 以電磁爐小火慢煮，沸騰後再煮 3 分鐘，關火。

3. 以濾紙或 SwissGold 過濾雜質後，倒入花茶壺中。

4. 加入準備好的蘋果、柳丁和白蘭地酒，適當攪拌。

5. 在加熱底座點燃蠟燭，數分鐘後即可享用。

咖啡物語　　這款友誼萬歲嚐起來先苦後甘，可以獨飲，也很適合與三五朋友一起享用。注意，白蘭地在這道飲品中有畫龍點睛的效果，千萬別忘了加。

建議用小杯子盛裝，慢慢品味，還可手拿一支肉桂棒，邊攪拌邊飲用。日常生活中常見的香料如八角、茴香、花椒、薑、胡椒、薄荷、丁香、茉莉、桂花、玫瑰、肉豆蔻和桂皮等，都能用來調製咖啡飲品。

特調可可摩卡
Blend Cocoa Mocha

類　　型	創意熱咖啡
杯具容量	隨意
材　　料	熱咖啡 150 ml
	棕可可酒 15 ml
	打發鮮奶油 適量
	巧克力醬 5 ml
	可可粉 適量

❤ 作法 ❤

1　　　　　2　　　　　3　　　　　4

1. 杯中倒入萃取好的熱咖啡備用。

2. 加入棕可可酒，適度攪拌。

3. 以繞圈方式擠入鮮奶油，封住杯口。

4. 表面以巧克力醬與可可粉做適當裝飾即可

咖啡
物語
　　誰說巧克力是女孩們的專利？這款可可摩卡是一道口感香醇的調酒熱咖啡，外柔內剛的熱飲勢必能受男士們喜愛。

年輕有為
Good young man

類　　型	創意熱咖啡
杯具容量	隨意
材　　料	Espresso 30 ml
	阿薩姆紅茶 300 ml
	煉乳 5 ml
	白蘭地 5 ml
	方糖 1 顆

❤ 作法 ❤

1. 杯中倒入萃取好的 Espresso。

2. 加入已過濾掉茶葉的阿薩姆紅茶和煉乳，適當攪拌。

3. 杯口放上皇家咖啡匙，匙上放 1 顆方糖。小心將白蘭地倒在方糖上，浸潤方糖。

4. 點燃方糖，待其融解一半後，倒入杯中一併攪拌即可。

咖啡物語　這是一款創意簡潔且頗為高貴的調酒熱咖啡，也可以換成別種紅茶，比較口感的差異。最後還可以同時加入 30 ～ 60 ml 的熱牛奶，風味又別有不同。

墨西哥風雲

Mexico

類　　型	創意熱咖啡
杯具容量	隨意
材　　料	Espresso 45 ml

（以 14 g 咖啡粉萃取）

巧克力醬 30 ml

未打發的液態奶油 30 ml

紅糖 15 g

肉桂粉 3 g

熱牛奶 200 ml

❀ 作法 ❀

1. 將巧克力醬、奶油、紅糖、肉桂粉和萃取好的 Espresso 混合，快速攪拌數十下。

2. 倒入熱牛奶。

3. 充分拌勻即可。

 咖啡物語　這是一款精心設計的熱咖啡，作法非常簡單，口感卻很好。其中 Espresso 是以 14 g 咖啡粉萃取而成。

冬季約定
Dating In Winter

類　　型	創意熱咖啡
杯具容量	250ml
材　　料	Espresso 30 ml
	巧克力醬 10 ml
	花生醬 10 ml
	熱牛奶（含綿密奶泡）180 ml

❂ 作法 ❂

1. 在預熱好的咖啡杯中，倒入花生醬、8 ml 巧克力醬。

2. 倒入萃取好的 Espresso，充分攪拌。

3. 倒入熱牛奶至 9 分滿。

4. 在奶泡表面以剩餘的巧克力醬裝飾即可。

咖啡物語　　冬季約定是一款適合冬天飲用的熱咖啡，完美結合牛奶、花生、巧克力和咖啡，深受女孩子歡迎。

玫瑰情人
Rose Lover

類　　型	創意熱咖啡
建議容量	250 ml
材　　料	Espresso 30 ml
	玫瑰糖漿 10 ml
	玫瑰花瓣 少許
	熱牛奶 210 ml

● 作法 ●

1. 萃取好的 Espresso 倒入預熱過的咖啡杯中。

2. 倒入玫瑰糖漿並適當攪拌。

3. 倒入熱牛奶與奶泡至全滿。

4. 在奶泡表面撒上玫瑰花瓣裝飾即可。

咖啡物語　早在古希臘時代，玫瑰就象徵著美麗和愛情，是愛神阿芙蘿黛蒂的化身。啜一口玫瑰情人咖啡，感受宛如愛人般的甜蜜風味。

鴉片咖啡

Opium Coffee

類　　型	創意熱咖啡
杯具容量	隨意
材　　料	Espresso 30 ml
	90℃ 熱水 適量
	煉乳 5 ml
	焦糖漿 7 ml
	蘭姆酒 10 ml
	打發鮮奶油 適量

❶ 作法 ❶

1. 在預熱過的咖啡杯中，倒入萃取好的 Espresso。

2. 依序加入煉乳、5 ml 焦糖漿、萊姆酒。

3. 加入熱水至 8 分滿並適當攪拌。

4. 以繞圈方式在表面擠滿鮮奶油。

5. 淋上剩餘少許焦糖漿裝飾即可。

咖啡物語　　之所以將這道飲品命名為「鴉片咖啡」，是因為它不僅好喝，作法也很簡單，令人不知不覺上癮。

紅酒咖啡
Red Wine Coffee

類　　型	創意熱咖啡
建議容量	300 ml 白蘭地杯
材　　料	Espresso 30 ml
	糖水 10 ml
	紅酒 30 ml
	冰牛奶 180 ml

❤ 作法 ❤

1. 在預熱過的咖啡杯中，倒入萃取好的 Espresso。

2. 加入糖水，攪拌均勻。

3. 將紅酒與冰牛奶混合，以蒸氣打發成綿密奶泡。將打好的紅酒奶泡舀入咖啡杯至 7 分滿即可。

 咖啡物語　　晶瑩的玻璃杯中，盛裝著粉紫色的紅酒咖啡。啜飲一口，二者的美好風味在口中有了完美的融合。

冰卡布奇諾

Iced Cappuccino

類　　型	經典冰咖啡
杯具容量	360ml 玻璃奶昔杯
材　　料	冰咖啡 120ml
	常溫奶泡 適量
	冰牛奶 120ml
	冰塊 3 ～ 4 顆

● 作法 ●

1. 杯中放入冰塊，倒入冰牛奶。

2. 冰咖啡緩緩倒入杯中至 6 ～ 7 分滿。

3. 加入綿密的奶泡至表面微微隆起即可。

咖啡物語　　冰咖啡的製作，建議先萃取 45 ml 的 Espresso，再以內縮法冰鎮以取得冰咖啡。還可以加入風味糖漿，只要量取 8 ml 糖漿，再跟冰塊、牛奶一起加入杯中即可。冰拿鐵作法：步驟同卡布奇諾，差別只在冰牛奶需要 180 ml，且不需加奶泡。

冰焦糖瑪奇朵
Iced Cammel Macchiato

類　　型	經典冰咖啡
杯具容量	隨意
材　　料	Espresso 45 ml
	常溫奶泡 適量
	焦糖醬 20 ml
	常溫牛奶 100 ml
	冰塊 10 顆

作法

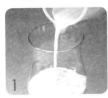

1. 杯中加入牛奶與冰塊。
2. 混合萃取好的 Espresso 與 10 ml 焦糖醬。
3. 將混合好的咖啡倒入杯中。
4. 攪拌均勻。
5. 用奶泡器打出綿密奶泡。
6. 杯中加入奶泡至 8 分滿，表面再淋上剩餘焦糖醬裝飾即可。

咖啡物語　焦糖瑪奇朵一般都是製成熱飲，其實它也能化身為適合夏天飲用，冰涼又帶有療癒風味的冰咖啡。

冰摩卡咖啡
Iced Mocha Coffee

類　　型	經典冰咖啡
杯具容量	360 ml 玻璃奶昔杯
材　　料	冰咖啡 120 ml
	打發鮮奶油 適量
	巧克力醬 30 ml
	冰牛奶 160ml

● 作法 ●

1. 將冰咖啡倒入雪克杯中，依序加入 15 ml 巧克力醬和冰牛奶，蓋上蓋子搖勻。

2. 混合後倒入杯中至 8～9 分滿。

3. 沿著杯壁以繞圈方式擠上鮮奶油，由外向內均勻擠滿咖啡表面。

4. 最後淋上剩餘巧克力醬裝飾即可。

咖啡物語　　冰咖啡的製作，建議先萃取 45 ml 的 Espresso，再以內縮法冰鎮以取得冰咖啡。還可以加入風味糖漿，只要量取 8 ml 糖漿，再跟冰塊、牛奶一起加入杯中即可。冰拿鐵作法：同卡布奇諾，差別只在冰牛奶需要 180 ml，且不需加奶泡。

魔力咖啡
Magic Coffee

類　　型	創意冰咖啡
杯具容量	寬口冰淇淋杯
材　　料	Espresso 60 ml
	香草冰淇淋 1 球
	堅果碎 適量

❻ 作法 ❻

1. 杯中放入 1 球冰淇淋。

2. 在冰淇淋上淋入萃取好的 Espresso。

3. 再撒上堅果碎即可。

 　這款飲品有著簡單卻令人難以抵擋的魔力，Espresso 與冰淇淋的組合，釋放出讓人想一喝再喝的神奇魅力！

冰封吉利馬札羅
Iced Kilimanjaro

類　　型	創意冰咖啡
杯具容量	隨意
材　　料	熱咖啡 200 ml
	冰糖 4 ～ 5 顆
	柳丁 3 片
	檸檬 1 片

❤ 作法 ❤

1. 在熱咖啡中加入 4 ～ 5 顆冰糖，攪拌至徹底溶解。

2. 依序加入柳丁片和檸檬片，浸入咖啡中。

3. 再放入冰箱，冷藏超過 12 小時後即可飲用。

咖啡物語　製作這款冰封吉利馬札羅，可以萃取一壺衣索比亞的耶加雪菲黑咖啡，或肯亞 AA 級咖啡，喝起來更別具風味。

提拉米蘇咖啡

Tiramisu Coffee

類　　型	創意冰咖啡
杯具容量	隨意
材　　料	Espresso 30 ml
	咖啡甜酒 5 ml
	蘭姆酒 5 ml
	糖水 10 ml
	牛奶 120 ml
	冰塊 5～6 顆
	打發鮮奶油 適量
	可可粉 適量

❧ 作法 ❧

1. 在雪克杯中依序加入咖啡甜酒、蘭姆酒、糖水、牛奶和冰塊。

2. 再倒入萃取好的 Espresso，蓋上蓋子，緩慢搖勻。

3. 濾掉冰塊後，將混合好的咖啡倒入玻璃杯中。

4. 以繞圈方式在表面擠滿鮮奶油。

5. 奶油表面撒滿可可粉即可。

 雖然這款提拉米蘇咖啡因為廣受好評，對某些愛好者而言已不能算是創意咖啡，但也無需在意那麼多，好喝就好！

203

性感男神

Sexy Man Coffee

類　　型	創意冰咖啡
建議容量	隨意
材　　料	冰黑咖啡 150 ml
	德國黑啤酒 150 ml
	蜂蜜 45 ml
	冰塊 10 顆
	檸檬 1 片

❂ 作法 ❂

1. 杯中倒入冰黑啤酒和蜂蜜，加冰塊後充分攪拌。

2. 再倒入冰黑咖啡。由於兩者顏色接近，不用刻意分層。

3. 在咖啡表面輕輕放上 1 片檸檬裝飾即可。

咖啡物語　　性感男神是一款以啤酒與咖啡混合而成的創意飲品，分量十足，在炎炎夏日裡飲用極為清爽宜人。蜂蜜建議採用色淺味濃、雜味少的椴樹花蜜。

巧克力蘇打咖啡
Chocolate Soda Coffee

類　　型	創意冰咖啡
杯具容量	隨意
材　　料	冰咖啡 200 ml 巧克力醬 10 ml 未打發的液態甜奶油 30 ml 冰塊 5～6 顆 冰淇淋 1 球 碎巧克力 適量 雪碧 適量

◖作法◗

1. 在玻璃杯中倒入冰咖啡。

2. 加入巧克力醬和未打發的液態甜奶油。

3. 攪拌均勻。

4. 依序加入冰塊和冰淇淋。

5. 在冰淇淋表面撒上少許碎巧克力。

6. 倒入雪碧即可。

咖啡物語　　這是一款充滿活力的冰飲，不僅口感好，也很有視覺效果，最適合與朋友相聚時來上一杯。注意雪碧在倒入時要保持一定高度，使之產生氣泡，做出來的成品會更好看。

冰玉米咖啡

Iced Corn Coffee

類　　型	經典冰咖啡
杯具容量	隨意
材　　料	冰咖啡 150 ml
	玉米粉 16 g
	蜂蜜 10 ml
	冷水 150 ml
	冰塊 5 ～ 6 顆

1

2

3

1. 在雪克杯中放入玉米粉、蜂蜜、冷水和冰塊，充分搖勻至冰塊溶解。

2. 倒入玻璃杯中。

3. 用調酒棒將冰咖啡徐徐引流到玻璃杯中，因為比重的關係，會出現清楚的分層效果。

咖啡物語　這是一款極具創意、味道甜美的冰咖啡，讓人在飲用時，擁有美好的感官體驗。

冰紅茶咖啡
Iced Black Tea Coffee

類　　型	創意冰咖啡
杯具容量	450 ml 玻璃杯
材　　料	冰紅茶 170 ml
	冰咖啡 120 ml
	糖水 20 ml
	冰塊 10 顆
	檸檬 1 片

● 作法 ●

1 　 2 　 3 　 4

1. 冰紅茶中加入糖水充分攪拌。

2. 加入冰塊。

3. 使用調酒棒，將冰咖啡引流進杯中，至 8 ～ 9 分滿。

4. 杯口放上檸檬片裝飾即可。

咖啡物語　　在我咖啡學院所舉辦的各種派對和沙龍活動中，冰紅茶咖啡的人氣指數總是超乎想像。尤其是炎熱的夏季，一杯冰紅茶咖啡會是最佳首選。